中国艺术学文库·设计学文丛

LIBRARY OF CHINA ARTS · SERIES OF DESIGN

总 主 编 仲呈祥

新设计伦理

信息社会情境下的设计责任研究

刘军 著

U0216901

本书受课题项目资助

中国博士后科学基金面上项目（2014M562078）；

中国地质大学生物地质与环境地质国家重点实验室地球生物学基金（GBL31502）；

湖北省普通高校人文社会科学重点研究基地"巴楚艺术发展研究中心"开放基金（2015188002）。

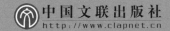

中国文联出版社
http://www.clapnet.cn

图书在版编目（CIP）数据

新设计伦理：信息社会情境下的设计责任研究 / 刘军著. -- 北京：中国文联出版社，2017.9

ISBN 978-7-5190-2936-4

Ⅰ.①新… Ⅱ.①刘… Ⅲ.①设计学—伦理学—研究

Ⅳ.①TB21②B82-057

中国版本图书馆CIP数据核字(2017)第192264号

新设计伦理：信息社会情境下的设计责任研究

著　　者：刘　军	
出 版 人：朱　庆	
终 审 人：奚耀华	复 审 人：曹艺凡
责任编辑：邓友女　张兰芳	责任校对：田巧梅
封面设计：杰瑞设计	责任印制：陈　晨

出版发行：中国文联出版社

地　　址：北京市朝阳区农展馆南里 10 号，100125

电　　话：010-85923069（咨询）85923000（编务）85923020（邮购）

传　　真：010-85923000（总编室），010-85923020（发行部）

网　　址：http://www.clapnet.cn　　　　　http://www.claplus.cn

E - mail：clap@clapnet.cn　　　　　zhanglf@clapnet.cn

印　　刷：中煤（北京）印务有限公司

装　　订：中煤（北京）印务有限公司

法律顾问：北京天驰君泰律师事务所徐波律师

本书如有破损、缺页、装订错误，请与本社联系调换

开　　本：710×1000	1/16
字　　数：170千字	印　张：10.75
版　　次：2017年9月第1版	印　次：2019年3月第2次印刷
书　　号：ISBN 978-7-5190-2936-4	
定　　价：33.00元	

《中国艺术学文库》总序

仲呈祥

在艺术教育的实践领域有着诸如中央音乐学院、中国音乐学院、中央美术学院、中国美术学院、北京电影学院、北京舞蹈学院等单科专业院校，有着诸如中国艺术研究院、南京艺术学院、山东艺术学院、吉林艺术学院、云南艺术学院等综合性艺术院校，有着诸如北京大学、北京师范大学、复旦大学、中国传媒大学等综合性大学。我称它们为高等艺术教育的"三支大军"。

而对于整个艺术学学科建设体系来说，除了上述"三支大军"外，尚有诸如《文艺研究》《艺术百家》等重要学术期刊，也有诸如中国文联出版社、中国电影出版社等重要专业出版社。如果说国务院学位委员会架设了中国艺术学学科建设的"中军帐"，那么这些学术期刊和专业出版社就是这些艺术教育"三支大军"的"检阅台"，这些"检阅台"往往展示了我国艺术教育实践的最新的理论成果。

在"艺术学"由从属于"文学"的一级学科升格为我国第 13 个学科门类 3 周年之际，中国文联出版社社长兼总编辑朱庆同志到任伊始立下宏愿，拟出版一套既具有时代内涵又具有历史意义的中国艺术学文库，以此集我国高等艺术教育成果之大观。这一出版构想先是得到了文化部原副部长、现中国艺术研究院院长王文章同志和新闻出版广电总局原副局长、现中国图书评论学会会长邬书林同志的大力支持，继而邀请我作为这套文库的总主编。编写这样一套由标志着我国当代较高审美思维水平的教授、博导、青年才俊等汇聚的文库，我本人及各分卷主编均深知责任重大，实有如履薄冰之感。原因有三：

一是因为此事意义深远。中华民族的文明史，其中重要一脉当为具有东方气派、民族风格的艺术史。习近平总书记深刻指出：中国特色社会主义植根于中华文化的沃土。而中华文化的重要组成部分，则是中国艺术。从孔子、老子、庄子到梁启超、王国维、蔡元培，再到朱光潜、宗白华等，都留下了丰富、独特的中华美学遗产；从公元前人类"文明轴心"时期，到秦汉、魏晋、唐宋、明清，从《文心雕龙》到《诗品》再到各领风骚的《诗论》《乐论》《画论》《书论》《印说》等，都记载着一部为人类审美思维做出独特贡献的中国艺术史。中国共产党人不是历史虚无主义者，也不是文化虚无主义者。中国共产党人始终是中国优秀传统文化和艺术的忠实继承者和弘扬者。因此，我们出版这样一套文库，就是为了在实现中华民族伟大复兴的中国梦的历史进程中弘扬优秀传统文化，并密切联系改革开放和现代化建设的伟大实践，以哲学精神为指引，以历史镜鉴为启迪，从而建设有中国特色的艺术学学科体系。艺术的方式把握世界是马克思深刻阐明的人类不可或缺的与经济的方式、政治的方式、历史的方式、哲学的方式、宗教的方式并列的把握世界的方式，因此艺术学理论建设和学科建设是人类自由而全面发展的必须。艺术学文库应运而生，实出必然。

二是因为丛书量大体周。就"量大"而言，我国艺术学门类下现拥有艺术学理论、音乐与舞蹈学、戏剧与影视学、美术学、设计学五个"一级学科"博士生导师数百名，即使出版他们每人一本自己最为得意的学术论著，也称得上是中国出版界的一大盛事，更不要说是搜罗博导、教授全部著作而成煌煌"艺藏"了。就"体周"而言，我国艺术学门类下每一个一级学科下又有多个自设的二级学科。要横到边纵到底，覆盖这些全部学科而网成经纬，就个人目力之所及、学力之所逮，实是断难完成。幸好，我的尊敬的师长、中国艺术学学科的重要奠基人于润洋先生、张道一先生、靳尚谊先生、叶朗先生和王文章、邹书林同志等愿意担任此丛书学术顾问。有了他们的指导，只要尽心尽力，此套文库的质量定将有所跃升。

三是因为唯恐挂一漏万。上述"三支大军"各有优势，互补生辉。例如，专科艺术院校对某一艺术门类本体和规律的研究较为深入，为中国特色艺术学学科建设打好了坚实的基础；综合性艺术院校的优势在于打通了艺术门类下的美术、音乐、舞蹈、戏剧、电影、设计等一级学科，且配备齐全，长于从艺术各个学科的相同处寻找普遍的规律；综合性大学的艺术教育依托于相对广阔的人文科学和自然科学背景，擅长从哲学思维的层面，提出高屋建瓴的贯通于各个艺术门类的艺术学的一些普遍规律。要充分发挥"三支大军"的学术优势而博采众长，实施"多彩、平等、包容"亟须功夫，倘有挂一漏万，岂不惶恐？

权且充序。

（仲呈祥，研究员、博士生导师。中央文史馆馆员、中国文艺评论家协会主席、国务院学位委员会艺术学科评议组召集人、教育部艺术教育委员会副主任。曾任中国文联副主席、国家广播电影电视总局副总编辑。）

序 一

伦理是人们对生产和生活现象的系统反思活动，是人类理智对自身行为规范的认识，随着不同时代经济、政治、文化科技影响及人自身认识的深化，伦理研究对象有着不同理解和规定。现代社会里，伦理是与社会现实密切联系的重大实践问题，如何探讨科技、生命、生态、情感、日常生活中的实际伦理困境，寻找一种"以解决定位之危机为目标的智慧"是很多学科向更深层次研究和发展的必经之路。

这本书以现代社会科技、经济、文化、生活变化为背景，在现象描述基础上阐述了责任伦理引入设计学的价值，从描述过程可以明显感知到设计责任是一个重要社会性问题和专业领域议题。全书基于设计领域的实践案例和责任困境分析，重点从设计责任的思想基础和主体承担两方面论述了设计责任。在我看来，该书虽是讨论设计领域的责任问题，但研究视角开放，论述中引入了不少相关学科知识内容，如责任伦理的演变对设计影响、社会契约与利害相关者研究对设计责任的规范化，这与当前学科知识交叉研究的趋势吻合，也是本人和作者在学术讨论中经常鼓励他去尝试的方式。

当然，我也赞同作者在书末所言，责任伦理研究是持续的拓展和完善过程，该书的出版只是其研究的一个阶段性总结，期待作者能继续围绕这一主题有更多新观点、新成果与我们分享。

教授、博导
中国地质大学（武汉）校长

序 二

新世纪以来，设计的内外环境已发生翻天覆地的变化，信息技术革命及来自资源、环境、贫富等方面的挑战重新定义了设计发展的技术环境、创新思维、产业形态和发展模式。设计比以往更加融入社会文化前端，甚至成为引领人们生活方式和思考方式的重要驱动力。

这本书以此为背景探讨了设计活动及责任思考，书中描绘的现象和问题对每个人都不陌生，与设计和个人有着千丝万缕的联系。作者结合信息社会情境和责任伦理分析了设计伦理在社会巨变中的冲突和转变，比较了传统责任观和责任伦理"责任观"对设计的研究价值，从学理上解释了设计责任的界定与承担所面临的困境，并重新划分责任承担的主体及理论基础，进而归纳出相应的设计责任原则。该书引入社会学"角色"概念和利害相关者来探讨设计责任实现路径是值得肯定的方式，为设计责任主体的确立提供了合理性判断。

现在，设计需求已超出衣食住行的生活和生产范畴，延伸到社会公共产品、服务和非物领域，并深入到社会与人的关系认知，该书对信息社会设计责任的探讨有助于设计自身发展的理论和实践反思，有助于拓展创新设计的活动尺度和思考维度。

刘军对这一课题的探讨已持续了多年，他也有意在这领域坚持开展研究。未来的研究成果不仅是理论的，而且还将在应用设计方面显现出具有开拓性的探索，我期待着具有引领性的创新成果的出现！是为序。

清华大学美术学院教授、博导
清华大学原副校长
中国美术家协会工业设计艺术委员会主任

序 三

今天，信息技术使我们熟悉的环境与日常生活发生巨大转变，特别是移动互联网的成熟和普及，使得社会整体性进入数字化联系、智能化产品和交互性沟通为特征的状态，面对这些快速变化，我时常感触设计在其中的影响和问题。每每看到生活中的人们对信息产品和服务日益依赖，总想从设计视角系统探讨信息产品的伦理和责任，有幸在我的老师支持下集中思考了这些问题，进而有了本书的初稿。

本书从后工业社会（信息社会）情境和责任伦理出发，认为社会情境是设计的外在环境，伦理是设计的内在平衡因素，设计通过责任把社会情境和伦理内容具象化。书中，我先是通过描述人们交往、生活、生存情境的短暂性、新奇性、多样性和信息适应性特征及问题，提出责任是设计在后工业社会的现实指向，进而阐述了设计责任的逻辑基础（思想基础和承担主体），并在社会现象与设计伦理基础上，从责任视角分析了信息浪潮下的物品设计变迁，指出设计责任呈现去物化、由外向内、责任边界不断扩展的新变化。

在书稿即将出版之际，回顾信息社会设计责任这一议题，仍感觉有很多设计现象和问题有待深入，书中虽然对信息社会产品特征、设计伦理困境、设计价值延伸等进行了分析和归纳，但设计责任的内涵和影响非常宽泛，相关问题如伦理转向、社会思潮变化、生活方式变迁仍需深入梳理。就此层面而言，本书内容是阶段性完成，希望能为国内信息设计伦理提供一点基础性工作，引起更多研究者关注信息设计伦理。

刘 军

2017 年 5 月　墨尔本（Melbourne）

目　录

CONTENTS

第一章 绪 论

第一节 设计的当代问题与责任视角

一、重提设计责任的社会背景

（一）约翰·莱斯利的"三类危险说"

约翰·莱斯利（John Leslie）是加拿大著名的宇宙哲学家，他的论著影响很大，其《世界的尽头》是一部被高度评价的科技伦理著作，对关注人类命运的人们来说，此书值得阅读。本论文选择此书作为引言开始，是基于设计与人类紧密相关的理解，而书中描述的三类危险也应该被设计者思考。

该书以大量实例为基础，从环境学、伦理学和概率论等多个角度严密分析，客观评价了布兰顿·卡特等人的悲观观念，提出了作者对可能造成人类灾难的认识。书中概说了人类面临着三类危险，即已经公认的危险、尚未认可的危险和来自哲学的危险，囊括了现今社会遇到的种种危机。其中，"已经公认的危险"包括核问题、生物战争、"温室效应"、环境污染等；"尚未认可的危险"分自然灾难与人为破坏两类，自然灾难有火山爆发、天体移动等，人为破坏有基因实验、信息技术灾难等；"哲学的危险"包括宗教危险、伦理失衡、错误的道德力量、囚徒困境等。这些危险多以人为灾难为主，基本上由"环境污染、生活方式、现代技术、思想观念"等方面引起。其中，科技是最关键因素，该书告诫人们以积极、慎重的态度对待技术和生活方式。

（二）后工业社会的"隐性"烦恼

技术带来的进步毋庸置疑，但任何事物都有双面，古代先哲们早已提出对技术的担忧，如庄子认为"有机械者必有机事，有机事者必有机心。

机心存于胸中，则纯白不备；纯白不备，则神生不定；神生不定者，道之所不载也。"[1] 即技术的应用容易导致投机心理。卢梭也认为欲望和有害技艺会带来偏见，进而危害人的理性和美德。工业革命以来，技术烦恼越来越显现，其负面影响深远而严重，如环境污染、信息安全、基因改变、低情感等，使我们突然惊觉到技术文明泛滥的后果。1962年，雷切尔·卡逊（Rachel Carson）在《寂静的春天》一书中说道：人类在20世纪创造了无数致癌物质，并使之与大众亲密接触。

随着科技对社会和生活的广泛渗入，其负面影响在人类行为的不知不觉中继续扩大，这是本节取名"隐性"烦恼的理由。如电脑产品带来的强辐射、沉迷游戏、自我封闭及身体畸形、各种合成材料的设计产品被大规模使用，造成人类身体的慢性损害、互联网、物联网产品引导的工作方式造成越来越强烈的孤独感、职业病等。

特别是近十年来，信息技术导致的全球问题和社会问题更使人类陷入了复杂困境，现代社会的"隐性"烦恼可大体归为生态、社会、个人三个方面。

首先，生态隐性烦恼主要表现在司空见惯的生产与生活行为带来的危害，它悄然潜伏在人们身边，貌似无形却影响巨大，美国生活科学网（Live Science）曾总结了很多类似危害。如消费电子产品（手机、电脑、音响）零件、塑胶、电池等，从制造到丢弃过程中造成土壤和水源污染；水泥从制造到使用会排放大量碳，不仅对温室效应影响极大，还阻挡了雨水进入土壤，使地下水道充满细菌和其他污染物；城市绿地和公园看似安全，但有最新研究显示，公园对气候变迁有影响，以塑料、废轮胎设计的草皮、桌椅，可能导致重金属渗入土壤；电脑普及消耗了大量石化燃料与电力，互联网是碳排放增加的重要元凶，哈佛物理学家 Wissner-Gross 研究证明，烧一壶开水产生15克 CO_2，而 Google 搜索一次就会产生7克，等等。

因此，每天看似简单的生活行为和日常用品也存在隐患，附带出大量无法恢复的污染和身体伤害，使得"良性物质循环被破坏，形成了不可逆

---

[1] 王岩峻、吉云译：《庄子》，山西古籍出版社2006年版，第124页。

的消耗和污染。"①人类社会在这种技术封闭中以不自觉的方式破坏着赖以生存的自然环境，自然在人工干扰下失衡，物种消失、生物多样性锐减。其实，这些都源于一个问题——人们忽略了需求控制与社会责任，无限扩大的欲望导致无数不确定问题。

其次，社会隐性烦恼突出表现为人口爆炸、老年化、信任危机、责任缺失、贫困群体等带来的不稳定。人口基数不断扩大给自然资源和生态环境、地区稳定带来巨大压力和挑战，功利模式盛行导致信任危机与责任缺失现象严重，从塑化剂、问题胶囊到苏泊尔问题锅、西门子冰箱门事件，不断曝光的产品问题说明了生产与设计中的责任淡漠；缺乏购买力的贫困阶层急需更多实用产品，很多人缺乏符合特殊需要的产品。

此外，高节奏、快变化的后工业社会整体性紧张，基因克隆等高技术带来的伦理拷问让人无法适应，信息产品部分代替了传统访亲和聊天，造成了人际关系的心理疏远，情感味十足的社会生活变得越来越单调、空虚和淡漠，连医生看病也可以远程控制，病人与医生之间的沟通被机器和信息取代，信息社会的"马太效应"不断扩大，社会阶层之间、年龄阶层之间、国家之间的鸿沟变大，不同人群的产品使用、生活观念、行为方式差异明显，信息技术方便了人的交流和人机关系，但也增加了事实上的自我封闭和离群索居，看不见的鸿沟处处存在。

最后，人的悄然异化。技术文明不仅影响了生态环境和社会，还悄然改变着个人，技术便捷使人的生物机能逐步退化，视觉、听觉、体能等本能弱化，人工产品对人体副作用也时常被发现和震惊人们，这些都造成人的本质异化。信息技术影响了现代人的工作方式，并带来各种各样的职业病困扰，就连生活和娱乐也在技术中异化，越来越多的人发现自己离不开网络，生活方式、思考方式变得趋同，大家都在走向"单向度人"的社会；在唯技术观的影响下，人的物质欲望无限膨胀，占有和浪费在很大程度上成为衡量人身价值的重要标准，"科技应用、人、社会生产、客观事物等受到过度物质化和对象化的危险。"②在信息化的正面效应下，技术运

---

① 林德宏：《人与机器》，江苏教育出版社 1999 年版，第 318 页。
② ［德］冈特·绍伊博尔德著：《海德格尔分析新时代的技术》，宋祖良译，中国社会科学出版社 1993 年版，第 74 页。

用不当的隐性烦恼也同时存在。

（三）技术推动下的设计失控

马丁·海德格尔（Martin Heidegger）曾言道："技术发展决定了现代人的命运。"同样，我们的生活环境和世界也摆脱不了设计的结果，技术与设计相辅相成，共同创造了人类现代生活，但技术中心化和设计标准化使日常设计变成技术符号，随着技术理性在各个层面的绝对化和对人类生活的渗入，越来越表现出不确定性和强大的不可控制性。国际建协第20届世界建筑师大会《北京宪章》总结道："20世纪既是人类从未经历过的伟大而进步的时代，又是史无前例的患难与迷惘时代。"①

今天，人们总是感觉忧虑和焦躁，毫无安全可言，拥挤的城市、污浊的废气、刺耳的噪音时刻侵蚀着身体健康，现代技术凭借设计改变了人与环境的关系，也冲击着人的心理与情感。

后工业社会高便利、高消费、高节奏的生活推动了"用完即扔"的一次性设计和消费，短暂化设计加剧了环境冲突，人对物品的使用时间缩短，越来越少的物品能使用五年以上或一代人。环顾四周，一次性产品设计司空见惯，当前城市文脉的破坏、材料浪费、能源消耗等都跟一次性设计与消费方式相关，特别是一次性电子废弃物污染，已经引起新的生态危机。消费者生活在一次使用、快速更换、不可维修的物品社会中，不可避免地带来一系列环境与社会危机。

在设计与社会的关系上，我们先来看看后工业社会消费盛况："今天，在我们周围，存在着一种由不断增长的物、服务和物质财富所构成的惊人消费情况，构成了人类自然环境的根本变化，富裕的人们……受到物的包围。"②托斯丹·邦德·凡勃伦（Thorstein B Veblen）在《有闲阶级论》中写道："豪华商品的消费是财富象征，会受到人们敬仰，相反，没有合适的数量和质量去进行消费就成为一种自卑和缺陷的标志。"③作为消费文化的设计，以创造产品附加值和象征性为核心价值，使之成为促进销售与激发欲求的工具。对设计的这种角色已经有了很多批判，如认为设计被符号化，设计不是满足需要，而是满足身份、阶层和品位象征，每个人在非自觉状

---

① 吴良镛：《国际建协"北京宪章"》，《建筑学报》1999年第6期，第17页。
② ［法］让·波德里亚著：《消费社会》（2版），刘成富等译，南京大学出版社2006年版，第1页。
③ ［美］托斯丹·邦德·凡勃伦著：《有闲阶级论》，钱厚默等译，商务印书馆2004年版，第53页。

态下被符号价值支配，养成了用后即弃的消费习惯……正如奥斯卡·怀尔德（Oscar Wilde）所抱怨的那样："什么是流行式样？……它常常是令人难以忍受的丑陋式样，以至于不得不每半年就更换一次。"①

即使进入信息社会，物质消费仍将继续，新的信息产品仍是消费社会模式下的设计和享受。设计除了消费异化，还将面临对人的情感异化，因为"设计在某种程度上是关于设计作为技术、政治、经济和消费等的修辞形式的文化。"②当然，这种现象是在整个信息社会的发展趋势下产生的，"人类所有的科技领域都遇到了很大危机……这些危机实际上也是设计的危机。"③

信息膨胀和快速更新的产品给人以焦虑和情感压力。一方面，后工业社会的人们都经历着信息适应过程，层出不穷的信息技术和产品方便了日常生活，也加大了人与人之间的信息鸿沟，弱势人群及信息追赶者被产品边缘化，在信息社会里，买票、购物、房屋租赁、医院挂号、娱乐等越来越集中到智能产品中，物品外形设计日益雷同、内容却越来越复杂，以致很多人难以掌握，只有年轻人才能使用得得心应手。另一方面，智能物品的设计，使人与人之间的交流方式丰富多样，电话、网络、短信等使人际交流从单一转变为多样，但"人——机——人"交流模式缩小的只是空间距离感，面对面的真实情感却变得疏远，在一定程度上，信息产品导致现实中人际交往的失落，人们的情感沟通以程序和符号形式完成，人的身份、交往变成了虚拟存储的数字，这必然会带来人们内心的孤独感，进而带来人的情感和自身异化。

二、问题：后工业社会的设计责任

（一）后工业社会的责任提出

责任既是伦理学核心概念，也是与社会现实密切相关的重大实践问题，技术发展引起了一系列没有预见的异变景象，面对困境，我们需要伦理约束与引导。比利时著名学者德朗舍尔（G·de Landsheere）说道："科

① ［美］艾伦·杜宁著，毕聿译：《多少算够：消费社会与地球的未来》，吉林人民出版社1997年版，第67页。
② 海军：《现代设计的日常生活批判》，博士学位论文，中央美术学院，2007年，第203页。
③ 朱红文：《工业、技术与设计》，河北美术出版社2000年版，第8页。

学进步远快于道德进步，人们依靠技术获得了一些自由，但又陷入了新束缚。"

（1）当前社会中的责任缺失

责任是对组织和个人该做或不做某些行为的要求，个体既受惠也受制于社会和他人，没有人可以独自生活，都需要承担对社会和他人的责任，包括生态、社会公共利益等方面。责任伦理学创始人约纳斯就说道："人们既要对自己和周围人负责，还要对子孙万代、自然界和地球负责。"

当前，社会责任缺失导致了一系列突出的社会问题，并且这些问题已经影响人类生存与发展。表现为：企业生产与大众生活的随心所欲造成的生态破坏、环境污染；强势文化冲击世界差异性，地域文化流失严重；生活中，不断曝光的食品问题让人不敢相信一切，正如作家余胜海在纪实文学《企业家大败局》中总结的那样：黄光裕等中国企业家的失败源于信仰与责任缺失。我们谈起企业，想到的只有财富，企业有社会责任似乎是奢侈要求。从热闹一时的"三鹿奶粉"、百度"竞价排名"、到完达山"刺五加注射液事件"等，这些社会问题都与责任缺失或伦理错位有着紧密关系。

在责任缺失的大环境里，设计发展也经常受外因影响而忽视设计责任。当代经济生活中所形成的各种观念或行为误解，都与过去几十年现代社会的设计导向、产品导向、消费导向有着无法摆脱的、直接或间接的因果关系，设计活动没有具体明确的责任尺度来衡量和评价，只是凭设计师个人意识起作用。如 2006 年轰动一时的欧盟 "NOT MADE IN CHINA"（非中国制造）商标注册申请事件，这既与企业技术有关，也与产品设计和质量上的不负责任有关，让全世界形成了"中国制造"低端、粗糙和山寨的印象。

再如受智能化趋势影响，几乎所有物品都被设计成智能产品，既给消费者带来新奇与方便，也带来另一个值得思考的责任问题，每一件生活用品被赋予花样繁多的信息功能是否违背了"物尽其用"宗旨，很多信息功能只是市场卖点，但消费者买回家后却付出更多的使用成本，这显然不符合"可持续"主旋律。

因此，总结设计现象，重新启动对信息化背景下的设计责任认识，恢复对自身行为的约束机制，势必成为人类在 21 世纪一个值得普遍关注的课题，它有助于人们最终实现那个古老而不过时的审美目标——"尽善"，然后"尽美"。

（2）设计的社会影响扩大

某种程度上，设计创造和构成对人们的生活方式的影响，已渗透到日常生活的各个方面。诸多社会问题都与生活方式相关，如能源危机、环境污染、生态破坏、情感淡漠、信息病等，直接影响到社会可持续发展。当设计产品从企业进入销售，便开始潜移默化地改变人们，它与经济发展、物质文明和精神文明密切相关，有些发达国家甚至从国家战略的高度推动设计发展，在某些领域，设计为协助政府促进社会良性发展发挥着重要作用，如城市设计、公共设施设计等。

一直以来，设计就肩负有社会责任。设计关注人的行为与关系，具有社会视野，如奥地利建筑家阿道夫·路斯（Adolf Loos）把设计形式与阶级社会中的伦理问题相联系，将伦理诉求作为设计价值的重要判断标准。今天的设计具有鲜明社会属性，如遵守商业道德、保障人身安全、保护环境、支持公益事业、保护弱势群体等都需要设计参与。

进入后工业社会，信息技术对日常生活和设计造成巨大改变，设计问题不再局限于功能和形式，还扩展到与生态环境和人类社会有关的各种伦理问题。从最新的设计定义看，它已经突破传统概念，如2006年国际工业设计协会（ICSID）对设计任务重新定义为：致力于可持续性发展，给人类社会和个人带来利益，设计结果已不一定是某个产品，它可以是一种方法、程序、制度或服务，最终目标是解决"问题"，创造一种生活"秩序"。

设计、制造和使用任何物品的行为都会产生相应后果。以往，企业组织和设计师在设计任务的执行过程中会因种种原因，忽略对上述相关问题的责任思考。今天，当全社会反思责任时，设计行为与人的其他行为一样，都离不开价值评判与伦理审视，要从纷繁复杂的现象中梳理和寻求设计发展的基本方向，就必须首先寻求和确立设计活动最根本、最重要的基础，这就是责任伦理。

（二）后工业社会的设计责任研究现状

就设计来说，设计责任伦理是在设计活动中考虑社会伦理问题（贫富问题、公义问题、环境问题、信息技术问题等），丹麦设计家艾里克·赫罗（Erich Hero）于1970年就说道："设计的实施要求以道德为纬线，辅之以人道主义伦理学指导下的渊博知识为经线……使设计超越我们所熟悉的现状，成为那更加合理世界中的生存手段。"①2000 年，吴良镛先生在第 20 届世界建造师大会上呼吁："建筑师如果不顾社会与文化浪潮，无异于逃避时代的责任。"②

所以，"在任何国家，科技发展都有可能造成传统伦理与人文的式微，甚至导致社会秩序失调的不良现象。"③面对传统伦理的不适，我们希望从新的责任伦理视角探索设计的未来。好设计能解决问题，低劣的设计会带来危害，设计异化的产生不在于设计本身，而在于设计理念和行为，关键是责任。当前设计领域的责任研究现状有以下特点：

（1）设计领域对责任的研究不全面，表现出片面性。"责任"在哲学、社会学、心理学、工程学、科技等领域都有大量的系统研究，在设计领域，说到设计责任几乎全是环境责任、设计师道德，研究题目多是材料环保、设计师社会责任感等方面，如易晓《包装设计与社会责任》、李嘉《从消费主义的角度反思当代设计的责任》等。

从设计的横向关系看，设计责任的主体不仅是设计师，还包括了相关利益者（消费者的责任消费、企业的责任生产），设计责任的客体不仅是物质产品，还有社会环境、文化、行为等。从社会背景看，关于设计责任的研究也多集中于工业化社会的设计现象和某个案例分析，既缺乏设计责任的全面性、系统性、深入性，也缺乏信息社会的时代性。

（2）当前的设计责任多是设计道德描述，没有与后工业社会的哲学思考和信息社会特征紧密相连。就词义来看，伦理是人与人、人与自然、人与社会的关系描述和处理这些关系的规则，设计责任是一种伦理关怀，是从规则的角度要求设计处理人与人、自然、社会的关系，所以，设计责任必然与后工业社会的哲学发展、社会变革紧密相关。目前，设计领域的责任研究主要集中在传统道德层面（设计道德）和案例分析（设计伦理）上，并且习惯于从现象角度——设计现象和环境方面进行分析，但后工业社会的伦理启蒙与哲学思考，都深深影响着设计责任的变迁。

---

① 柳冠中：《苹果集：设计文化论》，黑龙江科学技术出版社 1995 年版，第 2 页。
② 吴良镛：《国际建协"北京宪章"》，《建筑学报》1999 年第 6 期，第 17 页。
③ 张人杰：《科学技术的负面影响：社会学分析》，《广州师范学院学报》（社会科学版）1999 年第 11 期，第 8 页。

（3）设计自身在后工业社会情境里有了新的变化和要求，受信息化浪潮影响，其责任原则也必然会变化。从工业社会到后工业社会的巨变，不仅是社会基础、科技的巨变，也是传统习惯、信念、价值观的巨大改变。与工业社会的标准化、规模化、理性相比，后工业社会的短暂性、新奇性、多样化等冲击着物质世界和设计理念，带来新的设计问题和解决方式。翻看当前的设计概论课本，大多忽视或弱化了设计责任介绍，即使偶尔谈到，也多是延续20世纪60、70年代的一批学者观点，对21世纪物品巨变带来的设计现象与设计责任反思不多。

笔者在考虑"设计责任"主题时，以关键词"设计责任""设计伦理""设计评价"在相关数据库进行过检索，（表1-1），发现现有研究中谈"设计责任"多是设计教育责任、可持续责任、设计师社会责任、生态伦理、传统设计伦理思想及具体设计等内容，也佐证了当前设计责任研究的相对滞后。此外，关于国外文献中的设计责任研究主要在本书文献综述中进行详细说明。

表1-1　国内设计责任研究的统计

关键词	时间跨度	主要研究角度
设计责任	1979—2015	设计教育、可持续、社会责任、设计师责任、环境责任
设计伦理	1979—2015	设计伦理教育、生态伦理、伦理关怀、传统设计中的伦理思想，可持续设计与社会、设计师伦理自律、设计报告
设计评价	1979—2015	设计方案评价、品牌战略、具体某类产品研究、设计过程、市场结果、生态、审美

三、情境、伦理、责任的关系

社会愿望与需求影响着设计发展方式和方向，对设计的理解必须以社会情境为背景。就字面解释看，"情境"从不同角度有多种解释，本书是基于社会学、哲学角度提出的情境，偏重于社会结构及社会互动分析、时代变化、设计行为的情境描述。

从社会学角度看，道德与伦理既相通又有区别。道德指人际间的关系和行为约束，侧重个体主观性；伦理指人与人的社会"应该"关系，侧重于社会客观因素。

"责任"最常见的解释是"分内应做事和没有做好某事应承担的后果"。学术界对责任起源有三种争论：第一种是责任的社会依存论，认为责任来自于人与人的社会依存性，是个体与群体、社会及生态环境的依存中形成的某种规定性；第二种是责任产生于进化与适应需要，从生物学、人类学角度分析了人类在进化中的心理选择，家庭责任、亲社会行为与互惠动机、群体差异、社会层级等，都说明了责任的存在意义；第三种是责任的文化依存，认为责任与文化、社会习俗、法律等相关，是人类构建的一种秩序。这三种起源说都有合理与欠缺处，但整体来看，即责任源自于文化、环境、社会的综合影响。

结合本书主题，情境就是关于环境与社会的描述，伦理是关于文化的描述，责任是基于情境与伦理基础上的设计具体化和实践途径。设计责任的形成要受到人类自身（伦理）和生存环境（情境）的影响。一般而言，特定生活情境下的互相影响与交互作用，促成特定文化和人群，责任与伦理是情境适应的结果，不同情境中的群体会形成不同的责任。

在后工业社会，随着生存环境发生巨大变迁，人际交往范围无限扩大，全球扁平化到来，在智能交互、物联网、虚拟现实技术影响下，日常生活被极大信息化，新奇性事物层出不穷，物品设计与使用中出现很多以前未见的新问题，引起人们普遍担忧。从设计角度看，有必要对当前的设计情境和伦理进行梳理，因为设计既构成了生活世界的常态，也是在社会模式的语境下创造、生产和消费，所以，设计责任是无法脱离社会情境和时代伦理的。（图 1-1）

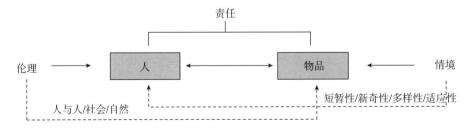

图 1-1　情境、伦理与责任

第二节　当前设计责任的研究不足

本书考察了大量相关领域文献和研究成果，相比设计方法与设计历史研究，关于设计责任的专门著作很少，特别是论述信息技术影响下的设计变化和设计责任更少，设计伦理的研究相对较多，但大多散落在会议文集、学术期刊或专著章节中。

首先，从现代设计史方面看，何人可教授著作《工业设计史》（2010）提到了后工业社会走向多元化和信息化的设计，并在结束语中特别勾勒了 21 世纪前十年里设计受信息技术影响的巨大变化；梁梅《世界现代设计史》（2009）以设计形式和风格转变为切入点，介绍了后工业社会里设计向文化、环境、情感、综合等意义的发展；王受之先生《世界现代设计史》（2002）以资料的全面性为特征，详细描述了工业社会早期到 20 世纪末的设计史实；张夫也教授《外国现代设计史》（2009）最后一章概述了后现代主义设计现状，谈到了后工业社会文化环境和生活方式对设计的影响，从多样化角度归纳了后现代主义设计特征。美国学者大卫·瑞兹曼（David Raizman）《现代设计史》（2007）（History of Modern Design）叙述了 18~20 世纪末设计史的变迁，其中第 5 卷专门分析了 20 世纪后半叶（1960—2000 年）设计的多元化特征，从材料、技术、文化、政治角度综合谈论了设计与消费、社会责任、技术、信息化、手工艺的关联；格伦·亚当森（Glenn Adamson）《全球设计史》（2011）（Global Design History）从全球化角度分析了物品在不同历史时期的全球流通及其背后的推动因素（包括贸易、政治及各种设计实践）。上述研究成果为研究后工业社会设计变化提供了详实的基础史实。

其次，从设计责任研究来看，1930 年米尔顿·弗里德曼（Milton Friedman）提出"社会责任感"，认为企业社会责任以追求最大利益来实现社会发展，在此观念下，设计的社会责任被消费利益淹没，逐渐沦为企业用来刺激消费的重要工具。20 世纪 60 年代末，随着社会危机意识的觉醒，政治、经济、文化等各个领域都出现了后现代反思，推动了设计研究从传统伦理转向应用伦理的责任视角，开始关注老年人、残疾人的需求，以及生态环境等问题。

维克多·巴巴纳克（Victor Papanek）《为真实世界的设计》（1971）

（Design for the Real World），对主流商业设计模式进行反思，批判了为批量生产和炫耀性消费的设计行为，指出设计应以解决社会需求为目标，考虑社会责任，其后，他又发表了《合乎人性尺度的设计》（1983）（Design for Human Scale）、《绿色律令：建筑和设计当中的生态和伦理》（1995）（The green imperative: ecology and ethics in design and architecture），提出保护生态环境，进一步把设计视野扩展到广阔的社会领域，强调了设计对社会和环境的责任。

英国学者尼格尔·惠特利（Nigel Whiteley）1994年出版了《为社会设计》（Design for society），提出绿色设计、责任伦理，讨论了设计责任和消费伦理等问题；维克多·马格林（Victor Margolin）《为一个可持续的世界设计》（1998）（Design for a Sustainable world）、《社会设计：科学与技术研究以及设计的社会塑造》（2002）（A social model of design: issues of practice and research），从社会情境角度探讨了设计的社会角色、设计伦理、设计与社会公平、女性设计等问题。《人造世界的策略：设计与设计研究论文集》（2009）是关于世纪末设计思考和可持续研究成果，讨论了设计与环境可持续、全球化、设计师面临的新问题等，提出了反思设计和跨学科研究方法；大卫·伯尔曼（David Berman）《做好设计：设计师可以改变世界》（2009）（Do Good Design: How Designers Can Change the World）一书结合多年从业经历，探讨了如何将与社会伦理、行为规范相关的设计行为和社会责任提炼为实践操守。

史蒂文·马基高（Steven P.MacGregor）在《社会创新：使用设计产生符合社会责任的商业价值》中提出CSR：13模式，希望通过设计将企业社会责任和产品创新相联系，分析了欧洲中小企业（Small-and-medium-sized-enterprises，SMEs）面临的社会现状（股东社会责任淡薄、竞争加剧等），探索了将社会责任感作为产品差异竞争的关键因素。

此外，关于设计责任的文章还有：王坤茜《从设计责任的角度审视工业设计》（2004）提出设计在风格、环境、企业形象、知识产权保护方面的责任；李嘉《从消费主义的角度反思当代设计的责任》（2010）反思了设计对消费的刺激作用，提出设计的可持续责任；陶珂《当代设计教育的社会责任》（2009）从当前设计引发的社会问题出发，分析了设计师承担社会责任的重要性及设计教育中的责任；查理斯·贝泽拉（Chaeles

Bezerra)《全球开放社会的设计责任》（2005）（Design Responsibility in Global Open Social）以卡尔·波普尔的哲学观点为基础，论述了设计对社会和人的影响，进而提出设计师和设计研究活动应该重视社会责任；亚当·克洛内茨基（Adam Klonecki)《数字时代的设计责任》（2012）（Design Responsibility For The Digital Age）探讨了设计应该为消费者带来成功的交流，而不是简单的创造"漂亮"或新技术。

还有如 2011 中国可持续建筑国际大会与展览、LeNS（The Learning Networkon Sustainability）国际可持续设计会议、意大利学者卡罗·维佐里（Carlo Vezzoli）的专著《环境可持续设计》（2010）（Design for Environment Sustainability）、美国学者内森·谢卓夫（Nathan Shedroff）的专著《设计反思：可持续设计策略与实践》（2011）（Design is the Problem: Future of Design Must be Sustainable）等相关著作和论文，从环境和生态责任角度探讨了 21 世纪设计的发展。

以上国内外设计责任研究主要集中在 20 世纪后半期出现的设计问题，即环境危机、消费异化、人性化问题等方面，提出了很多有效的方式与观念，深化了设计内涵，但随着近十年信息技术对人们工作与生活的极大改变，苹果设计模式、Google 生活、3G 无线、云计算、智能服务等使设计发展受到重大影响，由此也产生了新的社会问题和人的变化，设计责任对此仍关注不够。

在设计伦理研究方面，《美术观察》2003 年第 6 期集中刊登了国内几位知名教授关于设计伦理的文章，如陈六汀教授的《景观设计的伦理关怀》一文，比较了环境伦理与传统伦理的区别，并对景观设计的价值作了探讨；赵江洪教授的《设计的生命底线：设计伦理》分析了现代设计的伦理问题，提出设计伦理是设计的行为底线，设计伦理不仅是大道理，也体现在民族文化和生活细节中；鲁晓波教授的《关于设计伦理问题的一点思考》，反思了人们重视设计的经济作用远甚于设计的社会功能，提出应重视和研究设计与人类长远利益、设计中人与自然、人与人的平等关系；张夫也教授的《如何使伦理观念成为设计师的自觉意识》，批判了设计不能仅停留在造物上，应使伦理观念成为设计自觉，并提出一些具体行动建议；郑也夫教授的《人本：设计伦理之轴心》，通过草坪与甬道、蜂巢加跑道的案例批判了现代设计的非人本化；杭间教授的《设计的伦理学视野》结合传统伦理和马克思"异化"说，讨论了技术对人的影响及设计意义的体现，分析了设计可能造成的不良影响，指出消费者已陷入"动物园"状态，认为伦理是重新修正设计的一个重要方式。

2007年，《装饰》和浙江工商大学艺术学院联合举办了"2007全国设计伦理教育论坛"，设计学者们对设计伦理内涵和职业道德、地域文化与设计伦理等进行了广泛讨论，从城市问题、消费问题、传播问题等不同侧面切入当下设计伦理及其相关的设计教育问题，发表了具有里程碑意义的《杭州宣言：关于设计伦理反思的倡议》。

许平教授的《设计的伦理：设计艺术教育中的一个重大课题》（1997）一文，认为设计强调科学属性与商业属性的同时，淡化了艺术属性，由此带来设计教育的错位，并进一步从微观与宏观层面分析了设计伦理的内涵，认为设计伦理教育在当前具有迫切性；《关怀与责任：作为一种社会伦理导向的艺术设计及其教育》（1998）则分析了设计实践与教育中伦理和美学的缺失及原因，提出导入专业伦理和社会责任的想法。

李砚祖的《从功利到伦理：设计艺术的境界与哲学之道》（2005）分析了设计的功利、审美与伦理三种境界和尺度，认为功利境界是物品实用与功能，审美境界是诗意与情感等非物因素，伦理境界是人本与环境发展要求，设计是以功利为基础，伦理境界为最终取向；朱宏轩的《产品设计伦理思想探析》（2010）一文，围绕伦理学与产品设计关系，提出设计中可持续与人本伦理的问题；赵伟军的专著《伦理与价值：现代设计若干问题的再思考》（2011）探讨了现代设计的五个基本问题（历史与趋势、设计伦理、设计价值、设计心理、设计管理），其中，设计伦理问题主要思考了设计的生态责任、大众化与公平性，解释了责任设计应满足目的、手段和约束条件等关键因素，提出设计伦理管理和设计材料的责任选择。在各种期刊文献或学位论文中也有一些相关设计伦理主题的论文，如郭丽《现代设计的伦理道德的演化和意涵研究》（2009）、刘永涛硕士论文《中国当代设计批评研究》、邓文啸硕士论文《试论当代中国设计发展中的伦理问题》（2008）、刘樾《设计伦理与我国公共艺术设计发展》（2011）等。

国际工业设计协会（International Council of Societies of Industrial Design）2010年更新的 *icsid code of professional ethics* 描述了设计对客户、用户、地球生态、文化多样性、同行的职业伦理；Peter Lloyd《Design,

Ethics, and Imagination》（2006）探讨了设计与哲学的关系，并将伦理学导入工业设计课程，用哲学视野观察周围事情，论证了设计的伦理化意义；吕西安娜·罗伯茨（Lucienne Roberts）《平面设计伦理与风格手法》（2010）从"好设计"角度，探讨了视觉设计的职业观及可能框架，她以伦理为主题，从哲学、法律、政治、经济、环境等多种角度反思平面设计，认为设计风格的喜新厌旧和追求自我，使得平面设计处于不断变化当中，设计责任有助于社会向良性轨道发展；卡尔·米查姆（Karl Mitcham）《设计中的伦理学》（Design Ethics）以哲学视角论述了设计存在的意义和方式（工程设计和艺术设计），并进一步分析了现代设计发展中的社会尺度，伦理学导入设计有助于揭示问题的最深刻层面。类似资料还有奥斯曼·西斯蒙（Osman Sisman）《工业设计伦理》（Ethics for Industrial Design）、Learning Web 上的 *Ethics and Design* 课程等等。

　　以上设计伦理研究关注了传统伦理道德对现代设计的价值、设计中的伦理教育、人本设计伦理、生态设计伦理、设计伦理的哲学境界及对具体设计实践的伦理反思，这些研究提升了设计层次。但随着后工业社会信息化特征越来越突出，工作与生活时间的界限模糊、数字鸿沟出现、产品带来隐性的健康风险、隐私侵犯严重等，产生出一系列新的社会伦理现象。后工业社会的设计伦理不仅需要深究传统伦理的当代价值，更需要顺应后工业社会的伦理学变化，从传统伦理道德研究扩展到应用伦理学领域，研究信息技术在产品和环境设计中的应用问题，思考由此产生的生活方式，进而建立信息时代的设计责任原则。

第三节　研究目的与本书架构

一、研究目的

　　总体而言，国内关于设计责任的研究刚刚起步，特别是后工业社会（信息社会）背景下的设计责任与伦理新变化的内容偏少，多集中在可持续发展、传统设计伦理思想及其对设计的意义、设计教育及设计师职业道德等方面，由此使得设计伦理在许多设计师脑海中是形而上的传统道德观念，在社会快速变化的今天，传统伦理所强调的个人德行、自我完善，已无法紧紧追随社会发展与文明进化的脚步，这就需要从社会责任角度进一步完善和突出设计伦理。

本书试图从信息社会情境和责任伦理角度研究社会巨变带来的设计责任变化，通过新情境中的社会、企业、消费者和设计师的设计责任分析，提出后工业社会应遵循的设计责任原则。研究将重点把握以下内容：

一是后工业社会情境的新变化对设计责任的影响，以此归纳出设计在信息时代的新特征，从设计发展角度提炼出设计伦理在社会巨变中的冲突和转变，通过比较传统设计伦理与责任伦理的差异，分析设计责任的现实基础（社会、伦理、利益相关者）。在作者看来，设计责任是一个很重要的社会性问题，当前虽然有一些事后责任追究减缓了设计责任缺失，但对受害者来说，责任追究改变不了事故结果。因此，有必要从整体上探讨设计责任的履行，强调事前责任。

二是在情境、伦理、责任的研究基础上，结合设计案例提炼出信息时代的设计责任变迁，进而从责任角度阐述当前设计责任的实现情境。通过以责任为中心点，结合中国目前的社会现象和设计现状，分析基于社会责任的设计优势，期待能为设计的责任理论提出一些有益的新视角与新途径，在理论上补充关于设计责任的研究内容。

三是从理论层面归纳正在呈现中的设计责任趋势，基于设计内外因素解释设计责任的实现可能，弥补当前设计责任研究理论的不足，扩展传统设计伦理研究的时代视角，提出与信息时代智能化、情感化发展相符合的设计责任原则。

二、本书架构

后工业社会短暂性、新奇性、多样性和适应性的变化，导致后现代伦理发生转向，对设计发展产生了巨大影响，将设计意义推向哲学、文化、社会责任等更深层面。随着当代著名社会学家汉斯·约纳斯（Hans Jonas）、齐格蒙特·鲍曼（Zygmunt Bauman）将责任引入伦理学范畴，作为研究后工业社会问题的中心主题之一，设计领域也越来越关注责任与伦理。

本书以信息化社会情境为背景，基于责任伦理角度思考后工业社会的设计责任变化。

各章节的具体内容如下：

第一章论述了研究背景、设计责任的研究现状和存在问题，对国内外研究不足作了梳理，解释了从社会情境和责任伦理角度对设计责任研究的重要意义。

第二章从后工业社会情境入手，描述了后工业社会的情境巨变，及其带来的生活改变和设计趋势。

第三章梳理了后工业社会的伦理转变，分析了责任伦理的兴起、时代意义和基本特征，在此基础上描述了后工业社会的设计伦理探索与责任指向。

第四章分析了后工业社会的设计责任基础，从设计责任的认知变化、责任伦理和利益相关者方面分析了设计责任的逻辑基础、从负责任设计、责任生产、责任消费方面分析了设计责任的承担、从设计的责任意识、应用情境和生活维度讨论了责任实现。

第五章基于对社会情境和设计责任的认识，分析了设计责任在后工业社会的新特征，即设计责任的"去物化"、内向化和边界扩展趋势。

第六章综合上述研究，阐述了后工业社会情境下的设计责任原则，概括为适应原则、平衡原则、可持续原则、服务原则。

结论总结主要研究成果、创新点和研究不足。

第二章 设计的后工业社会情境

第一节 后工业社会的争议

"后工业"是对当前社会发展阶段的指称，用以描述 20 世纪后半期以来社会结构和生活状态的一系列变化。这个概念最早是由美国社会学家丹尼尔·贝尔（Daniel Bell）提出，他把工业主义放在时间轴上考察，提出"前工业社会——工业社会——后工业社会"的社会发展理论。这一理论的提出缘于当前社会还没有找到更合理的总概念，尽管对工业社会之后的描述词语有很多，如后现代、超工业社会、信息社会、知识社会等，但丹尼尔认为，知识社会、信息社会只是工业社会之后的社会特征之一，不足以概述社会全貌。

首先，后工业与后现代有区别，后工业社会在科学、教育、文化艺术等领域发生了一系列根本性变化，我们把这些文化形态上的变化称为"后现代"。"后现代"作为特定概念，是工业社会后期出现的一种批判性意识形态，后现代以后工业社会作为时代背景，是哲学、建筑、文学等各个领域的后现代思想的统称。如果说工业社会向后工业社会的转型需要有一次启蒙运动，那么，后现代对工业社会的批判就属于这种性质，它为后工业社会发展清除了障碍。

其次，"超工业社会"由美国未来学家阿尔文·托夫勒（Alvin Toffler）提出，他通过分析信息浪潮对社会的冲击及社会在心理环境、思想领域、生产与消费、家庭、社会规范等各个方面的变化，提出了一个超越工业社会的设想，认为新出现的社会趋势与技术发展有助于解决工业社会困境，"超工业社会"与"后工业社会"虽然提法不同，但都反映了信息技术革命、服务经济等基本内容，前者是基于微观社会现象和技术影响角度，后者是基于宏观的社会结构、政体和文化角度，专指工业社会向下一个发展阶段的过渡状态。

再者，信息社会侧重描述信息技术（以计算机、微电子为代表）对经济和社会产生的深刻影响，及对生活与行为方式的改变，强调了未来社会建立在信息技术的基础上。它与"后工业社会"没有原则性区别，信息社会（Information Society）也称知识社会、网络社会、后工业社会。丹尼尔·贝尔和阿尔文·托夫勒都强调了信息在未来社会中的重要作用。1983年，约翰·奈斯比特（John Naisbitt）在《大趋势：改革我们生活的十个新趋向》一书中统计了信息技术和服务对社会影响，提出信息时代已成为现实。日本经济学家松田米津在《信息社会》一书中认为：信息社会是以计算机技术为核心的社会，信息知识取代传统资本起主导作用，生产和生活被网络化，人的观念发生变化，开始关心未来，而不仅是眼前利益。

最后，知识社会指以知识创新为基础的社会，最早由彼得·德鲁克（Peter Druker）提出，强调知识创新对社会发展的重要性，认为未来社会是以创新为主要驱动力的社会。丹尼尔·贝尔提到："工业社会以机器技术为基础，而后工业社会是以信息和知识创新为基础和主要结构特征。"[①]

总之，自20世纪后半期开始，一大批社会学家围绕信息技术影响进行了深入研究，影响较大的代表作有：丹尼尔·贝尔《后工业社会的来临》（The Coming of Post-industrial Society）全面阐述了后工业社会趋势，并对其特征作了概括；阿尔温·托夫勒《第三次浪潮》（The Third Wave）明确提出人类正经历信息化浪潮，并比较了历史上三次浪潮的变化差异；约翰·奈斯比特《大趋势：改变我们生活的十个新方向》（Megatrends）揭示了信息革命所带来的生产与生活的改变，提出了"信息社会"。

① ［美］丹尼尔·贝尔著：《后工业社会的来临：对社会预测的一项探索》，高铦等译，新华出版社1997年版，第9页。

第二节　后工业社会的主要思想

一、后工业社会论

20世纪后半期以来，科技与社会变迁可谓日新月异，未来发展成为人们关注的焦点。在这样的时代背景下，很多社会学者开始总结现在，思考未来，丹尼尔·贝尔的"后工业社会"理论影响很大，他在1962年和1967年接连发表了《后工业社会：推测1985年及以后的美国》《关于后工业社会的札记》两篇论文，1973年完成著作《后工业社会的来临：对社会预测的一项探索》，系统论述后工业社会结构变化，此后，这一词语被广泛应用。贝尔认为后工业社会可以从三个方面理解，即"基于经济、技术、制度等层面的社会结构；调整权力、评判人际间与集团间发展矛盾的政体；表达象征内容的文化领域。"[1]在贝尔看来，高科技对经济、社会、文化、政治等各个方面都具有根本性影响，因此，他提出"技术中轴"分析法，把社会发展分为三个历史形态（前工业、工业和后工业），这三种社会形态并存于当今世界，分布于不同国家和地区。在《后工业社会》一书中，贝尔概括了后工业社会的新变化[2]：

（1）服务经济（Service Economy）逐渐重要和占据社会主体。大多数人脱离传统产业，转向从事服务业，服务内容主要是对人服务及专业和技术服务（贸易、金融、保健、娱乐等），服务业对后工业社会具有举足轻重的作用。

（2）后工业社会以知识为核心，专业人才和科技者将成为社会最大的知识阶层，逐渐居于社会主导地位。理论知识对社会管理和创新具有决定意义，因此，知识汇集场所将成为未来社会的中轴结构。

（3）有意识、有计划地控制技术发展。一方面，需要技术创新推动社会发展；另一方面，过分依赖技术会带来诸多不确定危险。贝尔比较了"经济"和"社会"两种技术鉴定方式，前者只衡量经济商品，不考虑空气、阳光及心理满足等外溢成本，反而将这种成本转嫁到整个社会，使得

---

[1]　［美］丹尼尔·贝尔著：《后工业社会的来临：对社会预测的一项探索》，高铦等译，新华出版社1997年版，第12页。

[2]　［美］丹尼尔·贝尔著：《后工业社会的来临：对社会预测的一项探索》，高铦等译，新华出版社1997年版，第12页。

公共利益受损；后者则以社会需要（公共利益）作为技术判断标准。

（4）电脑、互联网等信息技术在后工业社会起核心作用。运用计算机分析复杂问题，可以帮助人们找到更好的解决办法。但后工业社会将出现信息匮乏和时间匮乏。

（5）工作性质的改变，工业社会是人与自然竞争，后工业社会是人与人之间的竞争。主要利益冲突将集中在工作地点或集团之间，对工作地点的强烈归属感会阻止新的专业集团在社会上组成坚实阶级。

二、超工业社会论

未来学家阿尔温·托夫勒（Alvin Toffler）的三部曲对当今社会思潮有着广泛而深远的影响。其中，《第三次浪潮》不仅叙述了当今世界一些国家经历过、另一些国家正在经历的工业文明，还详细描述了生活中泛起的新文明现象。他把人类文明划分为三个阶段：农业革命、工业革命、信息革命。

通过对比前两次革命浪潮，托夫勒分析了工业社会集中表现为标准化、专业化、集中化、好大狂等 6 个关联特征。由于工业社会的深刻矛盾已导致自然圈无法容忍工业化浪潮，社会发展难以无限依赖不可再生的能源。因此，工业文明衰退，以计算机、信息、遗传学、生物学、环境技术等为典型代表的第三次浪潮出现，将创造一个多样性、分散化生产的社会。

作者把社会基本结构划分为技术、社会、信息三个领域，认为第三次浪潮会极大地冲击这三个方面，催生出一个前所未有的"超工业社会"，使社会结构、组织、信息、道德规范、消费行为、心理性格等方面发生变迁。

首先，在技术领域，电子技术、新能源技术、通讯技术、生物工程等第三次技术浪潮建立了一个"新综合时代"，网络使人们随时随地分享信息，知识和人成为最基本的生产要素。

其次，在社会领域，信息技术推动标准生产转向多样性，出现各种形象、思想和价值观念，人从固定场所（工厂和办公室）解放出来，"在第三次浪潮中，能源基础正进入新科技时代，传播多样化与电脑的兴起，产生了信息时代，这两股巨大潮流改变了生产制度的基本结构。"①

最后，在信息领域，非群体化传播工具取代传统标准媒体，人们生活在智能环境中，塑造了新的心理环境和性格，人们思考问题、综合情况、预测行动后果的方法都在发生改变，多样性文化已然成为衡量社会的标准之一。

总之，托夫勒认为，信息革命浪潮改变了社会节奏，使生活规范和行为方式发生变化，人类正面临深刻的社会改组。②

三、信息社会论

联合国信息社会世界峰会（WSIS）《原则宣言》（2003）指出："我们正迈进一个潜力巨大的信息社会时代，信息和知识通过网络生成、交流和共享。"③

1982年，约翰·奈斯比特《大趋势：改变我们生活的十个方向》中概括了"信息社会"特征，被世界舆论评为研究社会、经济和技术发展趋势的权威之一，其主要内容有：

工业社会即将过去，事实上进入了依托信息技术创造和共享知识的信息社会。计算机、网络技术渗入世界每个角落，其应用范围的广泛程度前所未有，信息可以瞬间共享，信息社会中的大多数人将转行从事创造、处理和分配信息的服务业。

重视人的情感问题，每种新技术的出现都要付出人的补偿性反应。信息社会里要学会平衡物质技术和人性需求，技术和情感的平衡是评价高技术产品用途和价值的一个方法。"每当社会采用新技术，就必须有人的平衡反应——感情，否则，新技术会受到排斥。"④

经济全球化使社会从短期考虑和只顾眼前利益，转变为长远处理问题。自给自足的国家经济渐渐变成互相依存的世界经济，信息社会的巨大

---

① ［美］阿尔文·托夫勒著：《第三次浪潮》，黄明坚译，中信出版社2006年版，第129页。

② ［美］阿尔文·托夫勒著：《第三次浪潮》，黄明坚译，中信出版社2006年版，第129页。

③ 内容摘自《原则宣言》建设信息社会：新千年的全球性挑战.C-67条，联合国信息社会世界峰会首次于2003年在瑞士日内瓦举行。

④ ［美］约翰·奈斯比特著：《大趋势：改变人类生活的十个新方向》，孙道章等译，新华出版社1984年版，第53页。

变迁是一个长期持续过程，已引起了经济、社会、生活和科技等各方面变化，也塑造了人的未来责任。所以，人们在农业社会习惯重视"过去"，在工业社会喜欢留意"现在"，而信息社会更关注"未来"。

信息社会呈现出分散化、碎片化趋势，小团体和地方组织兴起，各个方面从依靠团体转为更多地依靠自己，个人生活方式越来越倾向自我负责，这种自助将推动多样化、开放性的盛行，社会具有了自下而上进行创新的能力。

社会从等级结构到网状结构，等级制度依然存在，但人们的交往更倾向网状结构，人人都处于网络中心位置，过去单纯的信息传递变成创造和交流知识。因此，个人在信息社会里的选择范围迅速扩大，跨入一个能提供多种选择的社会，家庭、妇女、生活、工作等都有了新的定义。

第三节　后工业社会情境

一、情境理解

情境既是一个日常生活概念，也在很多学科领域作为学术概念使用。从词义上看，情境指环境，多数时候可与"情景"通用，两者有细微差别，情境一般指"情况、境地"，含有"环境、感情、氛围"的意思，是复合词语，而情景指"感情与景色"，多指"片段、某个场景"。

情境与环境也有区别。从概念上看，环境指独立于个体而存在的客观事实，情境指能被个体把握、与个体心理及行为直接相关的主客观环境；从社会性而言，情境是个体与客观环境的互动，即带有主观意识的环境，能直接影响个体行为。

此外，情境还具有即时性和系统性特点，是当时当地的活动与环境，以及个体与环境互动构成的系统。在此意义上，情境既指对个体有直接或间接影响的客观环境，也包括个体在当时的认知、行为倾向等。

文学里的情境一般指作品所描绘环境与情感融合而成的艺术境界。唐朝诗人王昌龄在《诗格》中提出物境、情境和意境三个层次，就是指情感和心境。在西方美学中，法国狄德罗（Diderot）最早使用情境（situation），指戏剧中的人物活动环境。心理学的情境主要指影响个体认知与心理体验的客观刺激和环境，库尔特·考夫卡（Kurt Koffka）提出的"心理场"、库尔特·勒温（Kurt Lewin）提出的"生活空间"，都是心理学角度的"情境"研究。

社会学"情境"指社会制度、意识形态、自然条件等宏观社会环境，通过微观社会环境影响个体或群体的心理和行为，强调了个体与情境的社会网络和活动系统。最早在美国社会学家 W.I. 托马斯（Thomas，W.I.）与 F.W. 兹纳尼茨基（Znaniecki，F W）合著的《波兰农民在欧洲和美国》中提出，此后被广泛使用。

社会情境侧重社会结构和社会变化两方面。社会结构情境指与人直接作用的社会微观环境，台湾学者黄枝连的《社会情境论》认为社会情境结构有生理、心理、群理、物理及天理五个系统，并划分了社会情境的正常、模糊、危机三种状态。社会变化情境研究以阿尔温·托夫勒为代表，从内容和时间两个尺度来界定"情境"，内容尺度包括物品、场合、人、组织及思想概念五个部分，时间尺度指情境发生过程持续的一段时间。

从"情境"在不同学科领域的应用来看，它具有多元性，能够很好地作为分析人、物品或设计行为的内外依据。本书借用"情境"概念来理解后工业社会特征和设计责任，从情境角度分析设计的发展与变化现象，即从历时与共时维度、运用社会情境分析设计变化的时代环境、产品消费、人的变化、社会观念与文化等，本书中的"情境"指物品、场合、人、社会的生活空间。

当前，人们正面临信息技术和社会面貌迅速变革的后工业社会情境，短暂性生产与消费不断改变着人们的生活方式，新奇性事物不断冲击人们的认知习惯，多样化选择不断干扰个人判断与情感归属。从交往情境、日常生活情境到社会文化与环境生存情境都受到短暂性、新奇性、多样性的影响。

二、科技情境：信息与技术的短暂性

在后工业社会，新发现、新技术和新社会现象层出不穷地进入日常生活圈，使人们的生活步调不断加速，人与人、人与物、人与社会的关系都被强烈缩短，呈现出碎片化趋势。

首先，人与物品的交往缩短："后工业社会的基本特征之一就是人与物的关系越来越暂时化，持久性经济逐渐被短暂性经济取代。"[1]一用即弃的产品、暂时性建筑、组合部件大量出现，满足了随时换新的需要。其理由基于两点：一是技术的不断进步使得物品制造费用迅速降低，换新比维修更划算，物品几乎都是一次性产品；二是物品局部性能不断提升，推动产品迅速更新换代，这更符合消费者的心理和经济发展的需要。

　　其次，人与空间的交往短暂化：交通设计与信息技术改善了空间距离，城际高铁、地铁、网络、即时通讯使距离限制不再明显，人与所处位置的关系短暂化。居住、工作、购物、娱乐都被分裂在相距很远的不同地点，在流动性与短暂性影响下，家的概念变成"你所在之处"，城市建设也是如此。设计师巴克敏斯特·富勒（Buckminster Fuller）曾把纽约描述为：拆除、毁坏、移动、暂时真空、新型建立……的连续进化过程，这个过程跟庄稼每年轮植的原理相同。越是发达国家，人的流动性越大。空间上的快速移动带来很多新问题，如地域意义及其约束力逐渐下降，破坏了已有的人际关系，孤单感增强，进而造成社会意识淡薄。

　　再者，人与人的交往短暂化：自工业社会以来，生活在城市中的人们逐渐以分割性角色交往，人际关系维系在效用上，除亲人、朋友之外的社会交往不会关心交往对象的家庭、人格、心理、社会等因素，仅需要了解是否有助于完成任务。事实上，因为后工业社会的人们在工作、交往及网络中接触的人数激增，人际关系进入了托夫勒所预测的"组合性的人"，即使传统的长期性关系（家人、亲戚）也变得不再稳定，传统大家庭向小型化、碎片化、个人化的发展趋势越来越明显。信息技术导致很多职业消失和新职业兴起，工作不再像过去一样固定和长期，弹性工作制、自由职业等使得中期性关系（朋友、邻居、职业）变得日益短暂。"由于流动性增加，人与人的关系将迅速形成和结束，人们建立友谊的机会比过去大为增加……但都是短期性关系。"[2]人们频繁接触无数新事物和新人，后工业社会可能就是一种建立在暂时性接触系统上的社会。

　　最后，人与组织的交往短暂化：随着职业和工作内容的变化，人与组

① 刘军：《由乐高产品看设计在"后工业"情境中的特点》，《装饰》2012 年第 8 期，第 84 页。
② ［美］阿尔文·托夫勒著：《未来的冲击》，蔡伸章译，中信出版社 2006 年版，第 59 页。

织关系的持续时间越来越短，并影响到组织结构调整，当前所谓的"项目组""任务工作组"就是一种短暂性工作方式的体现。当工业社会的很多问题变得常见和可预测时，企业组织更强调统一化、集体化，组织结构偏于稳定性和长期性，但后工业社会是一个动态社会，常规性问题将由智能化系统处理，非常规性问题的解决将依赖"项目组"型的组合性组织。所以，阿尔文·托夫勒说道："后工业社会的组织特征是短暂性，是一种适应性强、变动性快的暂时性系统。"①

在后工业社会，职业性、技术性人才可以分散在社会各个角落，通过网络联系和办公，个人与正式组织的关系变得松散，非正式组织活跃起来。"如世界著名玩具公司乐高（LEGO）2005 年开始的'乐高大使'计划，通过乐高社区在全球选出 40 名 19~65 岁的粉丝作为代表，并向部分成人乐高迷和拼砌者颁发'乐高认证专家'（Certified Professional），邀请他们加入公司设计社区，辅助乐高设计创新，这种协作设计模式给乐高带来很多意想不到的效果。"②

科技短暂化情境带来了碎片化的信息生活特征，互联网、计算机等信息工具改变了人们的心智和生活方式，从计算机办公到黑莓手机随时随地聊天、iPad 随意上网，从 Xbox 游戏到 WiFi 无线社区交友，人与外界的交互几乎全部信息化、工具化、虚拟化和片段化。与此同时，通信工具将时间无限分割，互联网使知识极端分散，网络社交使人与人的关系碎片化。《连线》前主编凯文·凯利（Kevin Kelly）曾在《机器想要什么》中说道："当前的技术进化过程就像有机生命体，也趋向普遍、社群、多样和复杂。人类在信息网络里的注意力不断分散，生活完全碎片化。"

三、经济情境：情感与体验的新奇性

随着无数新潮事物进入日常生活，人们置身于短暂性与新奇性环境，如预先设计的人体器官、无性繁殖、DNA 改造、虚拟网络、人工智能和机器人等，这些新奇事物不断冲击人们的认知能力和人机关系，必然会改变其产品观念、思考与体验方式，人们逐渐习惯数字化联系和处理各类事

---

① ［美］阿尔文·托夫勒著：《未来的冲击》，蔡伸章译，中信出版社 2006 年版，第 77 页。
② 刘军：《由乐高产品看设计在"后工业"情境中的特点》，《装饰》2012 年第 8 期，第 85 页。

情，喜欢智能化产品和交互性沟通，工业社会的经济性心理向后工业社会的服务性心理扩张，在日常生活领域表现出求异需求、产品情感缺失、信息焦虑等现象。

一次性消费日益受到反思。租赁运动兴起，"租赁"指不拥有物品所有权，以分享、互换和承租等协作形式使用物品，"协作"被《时代》（2011 年第 177 期）推选为"改变世界的十大创意"之一。2011 年第 88 期《21 世纪商业评论》说："租赁生活方式的根本性改变，协作消费不仅是趋势，更是一种新文化和新经济，它正在逐渐变成主流。"[①] 按照托夫勒在《未来的冲击》中所言："租赁的盛行，将使人类远离'有'的生活，走向'行'或'做'的生活。'租赁'可以快速满足'新奇'消费心理，也有助于促进循环消费，减少产品闲置，节省更多社会资源，形成绿色消费。"

科技短暂性导致人们注重当前，寻找新奇快感，从信息媒体、公共设施、生活娱乐到居住空间、交通工具等都受到新奇性冲击，人们不再满足"给予式消费"，在后工业社会，个人消费既关注外形，更注重物品带来的心理满足，如健康、情感交流、信息服务等。

FaceBook 和苹果成功的前提就是满足了情感体验和新奇需要，著名工业设计师阿米特·帕特尔（Amit Patel）说道："Apple 的成功证实了贩卖情感成为富翁的定律。"苹果 CEO 乔布斯（Steve Jobs）也公开承认，电子产品依靠技术和硬件制胜的时代已经过去，与消费者情感共鸣、制造体验是新的竞争方式。

以产品团购为例，2012 年 5 月 18 日《南方都市报》专题报道了国内团购现状，其标题是"团购业平均每天开一家关两家"，可见团购竞争的激烈和生存困难。但糯米网却发展稳定，按照糯米网总经理的说法，他们依托了人人社交网优势，由于用户越来越注重消费品质和可信度，在人人社交圈中，同伴购买了何种产品或服务都会在人人上共享，通过别人带来的体验感悟和影响，从而带动新的消费人群，把社交网络的庞大人群和流量转化为购买力。

因此，后工业社会是一个重视心理满足的社会，中心问题是价值观的转变，制造商品变得相对简单，生产能力由物质生产转向为服务性生

---

① 彭怿湄：《租还是买》，《21 世纪商业评论》，2011 年第 88 期，第 20 页。

产。产品设计表现出更具情感的心理化过程，注重顾客的额外心理要求，好的产品设计不仅与技术和质量有关，还包括产品形成具有号召力的生活方式与服务。如星巴克产品不仅仅是咖啡，更创造了人们除家里和公司外的"第三生活空间"与休闲服务；耐克提供与"运动鞋"相关的"运动"生活和服务；玩具商乐高的目标定位是提供优质、健康的娱乐方式。物品设计成为设计师运用设计方法和手段帮助用户及利益相关者找到新生活方式的过程，让顾客体验惊喜、刺激和其他乐趣将成为经济发展的一大基本支柱。

四、文化情境：全球化与文化多样性

当前，后工业社会情境正逐渐把每个人带离单一性商品、公式化艺术、无差别教育和大众文化的工业社会模式。社会分工越来越专业，非主流文化盛行，信息技术和新制造技术提供了个性生产手段，增加了选择机会和生活自由，让人们经历了一次"亚文化爆炸"。所谓"亚文化"（subculture），也称群体文化，是与主流文化相对应而言的，受地区、群体、阶层、民族、职业、兴趣爱好等各种因素影响，形成了具有鲜明特征的群体或地区文化。亚文化群体内的成员拥有共同价值观和话题。随着社会多元性和全球扁平化发展，社会呈现出丰富多样的亚文化内容，亚文化能折射当前社会结构和社会生活，如极客族、微信族、走班族、蚁族、蹭网族、麦兜族、乐单族等等。当然，亚文化泛滥也带来人的分化和信息变异，一个不经常上网的人或亚文化群体外的人，往往对纷繁复杂的亚文化词语和生活方式极不理解，甚至感觉如听天书，如网络上流行的"打酱油"[1]"俯卧撑"[2]"织毛衣"[3]等，乍听起来如坠云里雾里，这种信息变异使人际间的交往产生了新的障碍。

全球化进程正在重塑世界，汤马斯·佛里曼（Thomas L. Friedman）在《世界是平的》一书中说道："技术进步使各国居民史无前例的互相接近，形成全球文化和地域文化的竞争，社会内的文化多样性突然增加，为人们

---

[1]　不谈任何有争议话题，在道义上关注某事，行为上表现出明哲保身。

[2]　对某事不便或不愿发表意见。

[3]　在网上提出建设性和批评性意见。

提供了生活和文化消费上的更多选择，如日用品领域，中国海尔、联想，日本索尼、东芝，美国通用、惠普、苹果，德国克莱斯勒，韩国三星等跨国企业的设计在世界范围内都能方便选购，提供了更多符合消费需要的产品选择。"

但后工业社会里的选择也因此变得复杂和艰难，选择的爆炸性增长不但没有使个人变得自由，反而徒增烦恼，商品、教育、文化消费等都是如此，选择机会越多，心理耗费越大。今天，图书、杂志、电影及网络等媒介正如其他行业一样，开始为顾客提供"自我设计"服务。以超市为例，沃尔玛产品多达 10 万种以上，而新兴的网络购物超市（亚马逊网站）仅图书就能够做到 2700 万种同时在线销售。总之，当选择变成选择过多，自由变成不自由时，人们将会背上自由的负担。

因为选择过多，难以把握"现在"，"未来"也会陷入虚无。"虚弱、不足——这些后现代疾病，表示了对无边无界的惊骇，人们寻找稳定生活之路的行动漫无目标、散乱无章。"[1] 当然，随着商品、文化等消费选择的增加，社会多样化越来越明显。

人们不再以工作为唯一，闲暇与工作并重，闲暇活动将成为人与人之间的主要差别，这必然导致消费者多样性需求。一方面，消费者有更多金钱和时间花费在特殊需要上；另一方面，技术精致化使多样性产品的成本随之降低。

在多样性、新奇性、短暂性作用下，社会步入历史性适应危机，工业社会建立起来的统一原则、标准化、永久性等不再像过去吸引人们，各种亚文化群体日渐繁多，生活方式是现今人们表现自我的主要工具和所属亚文化群的主要手段，它不再简单地表明阶级地位，人人都迫切希望有所"归属"，由社会提出、并为社会接受的生活方式越多样化，社会就越接近分化状态，个人只有加入某类亚文化群体，才能有社会一致感，否则会感到孤独和异化。

后工业社会创造了一个短暂、陌生而复杂的文化环境，这种瞬息万变的环境使人的适应力为之崩溃，信息时代的最大特征是"归属感丧失"、自我认证危机，人们在后工业时代经历的社会性紊乱和心理烦恼都来自以

---

① ［英］齐格蒙特·鲍曼著：《个体化社会》，范祥涛译，上海三联书店 2002 年版，第 12 页。

上原因。总之，无限多样的选择性正搅乱着人的判断能力。

五、社会情境：人与环境的适应性

适应性指生物形态结构和生理与自然环境相符合，以保证延续生存的能力。信息社会的短暂性、新奇性、多样性冲击，使人对社会和环境的适应包括了生理层面、心理层面及社会文化层面的适应。

首先，生理层面主要是生存变化的影响，生存变化包括了工作变化、环境变化、生活方式改变等造成的定向反应和适应性反应，增加了人类生理负担。短暂性、新奇性导致的一次性消费对环境影响深远，特别是一次性电子废弃物污染、电磁辐射等，已经引起新的生态问题和身体危机，进而造成人的生存危机。从经济发展、产品制造到物品设计都开始强调可持续理念，但信息产品带来的新危险并没有得到明确认识，如计算机和网络普及带来的上网成瘾问题、身体机能退化问题、长时间面对电脑产生的身体疾病和电磁辐射问题等。工作上，信息社会里人与人之间的交往，体现为信息传递与信息共享。从个人和社会联系来看，数字技术使得信息传递不需要面对面交往，人们只需在个人空间范围内就可顺利完成信息交流和共享，人际空间距离趋于缩短，但人际关系却在疏远。

其次，心理层面主要是感觉、认知、决定三方面的冲击，在媒体与信息充斥的社会里，个人接受的随意性或精练性讯息越来越多，各种符号在感觉和认知上的过度刺激，已经造成信息超负荷。每个人都被加速的社会变动绑架，以一种瞬态心理去创造和消费概念与形象，去适应生活步调和面对种种新奇状况，知识、信息、精神都在短暂化，并缩短适应时间。"应付急速的变动，身处于暂时性的工作体系，并在短期内建立有意义的关系，然后又隔断这种联系，这些都足以导致社会性压力，造成个人心理上的紧张。"①

最后，频繁变化要求适应能力以牺牲个人满足感为代价，使个人内心认识和想法与社会真实情况出现断层，结果是增加了人的认知压力，当无法调整、适应和赶上时，人们就会疲于奔命。在工业社会，社会变动相对缓慢，大家在熟悉状况下以计划性决定处理问题，但在后工业社会，每个

---

① ［美］阿尔文·托夫勒著：《未来的冲击》，蔡伸章译，中信出版社2006年版，第81页。

人的选择对象都增加了很多变动性与新奇性，需要处理的信息量也随之增加，这必然造成"决定上的过度刺激"，由科学性、技术性、社会性的变动造成的加速度，已经破坏了人类为自己的命运做出合理、正确决定的能力，选择以及选择的标准将成为极其重要的事。

2011 年 11 月 11 日，重庆晚报（073 版）有一段很有意思的对话[1]，一个 2 岁小女孩说："爸爸，快去打开客厅里的电脑，我要看动画片"，她爸爸赶紧解释是电视，只是和电脑长得像，它们都是液晶屏，但小女孩疑惑地摇摇头。这个小故事是典型的信息产品混淆，说明了物品设计对人的认知冲击。（图 2-1，图 2-2，图 2-3）

图 2-1　AOCL42BN83F 液晶电视

图 2-2　联想 ideacentreB500 一体机

图 2-3　三星 P1000 手机

在这样的心理冲击下，人对信息环境不适应表现得很明显，要么对快速变化直接拒绝，避开信息社会方式，如 2008 年，"手机之父"马蒂·库珀（Martin Cooper）在波士顿嵌入式系统会议上对 iphone 手机大加贬低，认为手机应该简单点，因为 iphone 太复杂，他连如何找到手机电话本都没办法，后来不得不给孙子使用；要么只接受与工作相关的，其他方面视而

---

① 详细内容见《重庆晚报》2011 年 11 月 11 日，073 版。http://www.cqwb.com.cn

不见；要么坚持旧观念，不断在情感上缅怀过去，抱怨现在。最后，当这种短暂性、新奇性及多样性造成的惶恐感与不确定感影响到整个社会时，就导致了社会冷漠现象。

总而言之，后工业社会的适应问题虽然表面上源于科技进步和技术在物品使用上的不适当，但归根结底是企业生产和设计对社会伦理和责任的缺失。我们目前所做的和即将做的，早已威胁到人类心理及道德上所能容忍的程度，短暂化及新奇性社会情境迫使我们加速面对陌生环境、事件及道德上的难题，已然显著地改变了人们日常生活中的惯性及可预见性状态。在这次新旧工具交替的时刻，必然引发人们对道德退步与心智改变的忧虑。

第三章　责任：后工业社会的伦理思考

第一节　后工业社会的伦理启蒙

一、后现代伦理反思

任何一种思想或理论都与特定时代相连，伦理也不例外，它是人类理智在社会不同阶段对自身行为规范的认识，每一次社会变迁都会导致伦理的深刻变化与观念更新。

后工业社会是信息技术高度膨胀的时代，一切知识内容、物质产品都有被数字化、符号化的趋势，信息爆炸使人们的生活形式越来越多样化，这必然对工业时代的传统伦理观产生冲击和影响。美国著名伦理学家阿拉斯代尔·麦金泰尔（Alasdair Macintyre）在《德性之后》一书中指出：自工业革命以来，人类社会在取得物质进步的同时，道德却在快速倒退，到了后工业社会，技术发展进一步加剧了物质与道德的反向。在向后工业社会的转型中，传统伦理因为难以适应新的现象和问题，正遭受着多重冲击。

首先，后工业社会的短暂性、快节奏和协作化使得责任主体难以确定，出现了鲍曼所描述的"个体即使认真进行自我检查和悔改，对于改变整体状况仍无能为力，这似乎成为人们不愿自我检查的最好理由"。"我们生活在一个碎片化和充满模糊性的时代，我们比过去任何时代更迫切需要伦理。"① 传统哲学对行为正当、道德规范的探讨都建立在普遍一致的道德观点上，相比今天的短暂性、新奇性社会，很多道德问题难以有一致意见。

事实上，在当前社会里，虽然人的行为能力快速提高、行动范围逐步

---

① ［英］齐格蒙特·鲍曼著：《后现代伦理学》，张成岗译，江苏人民出版社2003年版，第20页。

变广，但我们越来越感觉难以预测自己的行为后果，行为与后果之间出现巨大的时空鸿沟。面对不能预料的灾难和负面影响，传统伦理规范显得软弱无力，不安全感浸透了社会生活的每个角落。

后工业社会的学者们在批评工业社会弊端时，就谈到了伦理学失效的几个理由：

一是工业社会的专业化与分工制度将生活"碎片化"，阿尔文·托夫勒（Alvin Toffler）对工业社会有过这样的描述："工业革命以技术手段创建了社会制度，但同时它又通过技术把社会生活撕裂，形成伦理冲突和心理不适应状况。"在工业社会情境中，真实的"本我"面目被压抑和隐藏，随着社会流动性增强，技术将生活打碎成一系列问题，家庭、工作、社会关系中的个人角色越来越不稳定，这构成了削弱人们道德情感的社会机制。

二是工业社会中"责任是漂流的"，由于把现代性伦理的产生和标准归根于社会，个人主体性被压抑，工业体系中的每一个参与者都有明确、具体的技术责任或职业责任，形成以社会为依据，寻求普遍、理性的道德规范，由此造成个人责任感和判断能力的衰退，这构成了取消责任的社会机制。

三是坚持工具理性而否认道德思维的社会机制，工业社会的工具理性价值观渗透在生活的方方面面，处于支配地位，社会发展的片面化要求和利益分析导致了对环境、潜在灾难的无动于衷。

因此，后工业社会的伦理取向首先是针对前者的缺失，强调道德相对主义。自工业社会开始，人们过于相信和崇拜科学与理性，虽然生存环境不断改善，但个体安全感极度缺乏，特别是近现代以来的一系列人为灾难（战争、环境恶化、资源匮乏等）逐渐打破科学神话，人们认识到只有多元和相对才是合理，应重视非理性和良知的作用，打破工具理性思维的绝对化，强调生命、情感、意志、欲望对理性的优先地位。著名的后现代主义学者大卫·格里芬（David R Griffin）谈到伦理道德时强调说："传统的真理观念应向情绪屈服……规范性观点和个人特性共同构成了行为基础……伦理应由自由感和对行为的责任感组成。"①

---

① ［美］大卫·雷·格里芬著：《后现代精神》，王成兵译，中央编译出版社 2011 年版，第 15 页。

所以，从 20 世纪六七十年代开始，一大批哲学家、伦理学者积极反思传统伦理、科学哲学的不适应问题，把伦理研究从道德语言分析转向现实社会和特定领域，推动了应用伦理学的产生。到 20 世纪 80 年代，应用伦理学产生很大的社会影响，日益成为人们进行社会抉择的一种理智力量。

二、从理性道德到责任伦理

正如前文所述，后工业社会出现的新现象和困境导致对后现代哲学与伦理的反思，应用伦理学成为热门话题，伦理学在分化和融合中从乌托邦式的理性道德走向责任伦理。

工业社会以来，西方伦理学者们习惯于哲学伦理的二分法，把伦理划分为元伦理学（meta-ethics）和规范伦理学（normative ethics）两类。元伦理也叫分析伦理，主要分析道德话语的语言表述和逻辑结构；规范伦理主要关注现实道德的描述说明，致力于构建一种理想道德。由于 20 世纪的西方哲学领域被分析哲学主宰，"逻辑"和"语言"是 20 世纪哲学方法与主题核心，伦理学只是在分析哲学的模式框架里进行，从两者的研究可以看出，元伦理和规范伦理属于理论伦理，同属于 20 世纪占主导地位的分析哲学范式。美国当代著名哲学家约翰·R. 塞尔（John R.Searle）认为分析哲学"核心时期"包括了 1939—1945 年的逻辑实证主义鼎盛期和"二战"后的语言学分析时期。

科学哲学代表者艾耶尔（A.J.Ayer）在成名作《语言、真理与逻辑》中对此有着系统阐述，他认为"没有什么经验领域在原则上不可归于某种形式的科学规律，也没有什么关于世界的思辨知识在原则上能超出科学所能给予的力量范围"。① 逻辑主义继承了此观念，认为哲学只能是关于语言或逻辑分析的活动。

"哲学家不能企图去表述某些真理思考……而应限制自己去做描述、澄清和分析的工作。"② 这使得元伦理学者实际上脱离了伦理学实践研究，而关注伦理学更高层次的"元层次"伦理。在分析哲学看来，对道德的

---

① ［英］A·J·艾耶尔著：《语言、真理与逻辑》，尹大贻译，上海译文出版社 1981 年版，第 48 页。
② ［英］A·J·艾耶尔著：《语言、真理与逻辑》，尹大贻译，上海译文出版社 1981 年版，第 53 页。

描述性研究是心理学、人类学、社会学的领域。到 20 世纪 60 年代，随着社会转型和环境问题的突出，理论伦理学日益暴露出弱点，1962 年，托马斯·库恩（Thomas Samuel Kuhn）出版了震撼世界的"科学革命"理论《科学革命的结构》，系统批判了分析哲学的实证主义教条，意味着分析伦理瓦解和应用伦理兴起。

因此，工业社会形成的元伦理和规范伦理是关于语言逻辑或理想行为模式的道德研究，以科学为准则，被设定在一个有限的范围内，它完全忽视了科技的负面影响和社会问题分析，沉迷在逻辑分析的技术游戏中，导致一种没有实践目标、抽象的伦理价值体系。

另一个不可忽视的现实是，自 20 世纪 60 年代以来，各种社会问题与环境问题接踵而至，在不到三百年的工业社会，有上百种生物灭绝、污染与能源浪费随处可见，更为烦恼的是，传统物理、化学到信息、生命等新兴科学领域都出现了很多无法预测的"不确定风险"，如基因工程、智能技术等颠覆了人类几千年的伦理观。在此背景下，各种社会运动兴起，要求建立完善的法规和制度来规范群体活动、减少危险，但社会运动的结果是养成了企业经营者"有组织的不负责任"态度，核电灾害、环境污染、职业犯罪等已经成了工业社会"正常的意外"，风险责任被转嫁于社会大众共同承担，这引起很多学者们的深刻反思。

传统伦理和分析伦理对此显得无法适应，要么无法涵盖和解释现代科技活动中的伦理应用问题，要么忽视社会现实。因此，社会领域中的伦理问题决不是一个语言逻辑分析、伦理规则如何生成、德性如何给定的问题，而是具体专业领域的伦理实践问题，从乌托邦式分析伦理到应用性责任伦理，是后工业社会情境的必然要求。从空间上讲，在新技术作用下，现代人及其日常生活涉及范围和影响已超越传统的行为主体概念，即每个人都能与遥远的人或物产生联系，甚至影响到地球以外；从时间上讲，当代人的行为影响已不仅限于同时代的人和事，可能远及未来；从影响程度看，当代人的生活与活动具有毁灭自然和自身的不确定危险。

因此，基于责任伦理的责任原则应是解决当代人面临复杂困境的最适当原则，而责任伦理的概念又恰当地体现了后工业社会在信息时代的诉求和时代特征。在"责任原则"之下，任何人和任何领域都无法逃避休戚与共的责任。

第二节　后工业社会的设计伦理

一、设计的"动物园"效应

英国人类学家 D. 莫里斯（Desmond Morris）的著作《人类动物园》讲述了现代人的困境及出路，他在书中提出了一个"动物园"效应的比喻，即"现代人脱离了自然环境的生活，落入了用聪明才智造就的陷阱，就像把自己囚禁在一座庞大的动物园里，随时处在危险之中，可能在紧张压力下崩溃"。[1] 莫里斯从动物学观点和人类数百年形成的行为模式出发，对城市生活方式和行为特点作了考察，从技术发展角度审视了文明社会的本质，认为现代人好像动物园里的圈养动物。他深刻揭示了技术对人的影响，人们在技术造就的动物园里有吃有喝，基本生存问题得到最大保障；同时也深受圈禁之苦，城市拥挤空间严重压抑了人的生物性，由此产生烦躁、孤单、不负责任等一系列当今世界的通病。

社会交往无限扩大和短暂化，使得每个社会成员与其他人的熟悉度越来越低，在庞大而陌生化的"非个人社会"中，每个都市的人都感到孤独和失落。事实上，自从计算机和互联网普及，实现了分散和无纸化办公的可能，人们从早上进入公司到晚上下班，多数人以电脑为中心，可以整天不必说话和直面交流，休闲娱乐也是沉浸在社交网络和智能物品中，人与世界的关系逐步受数字化处理的信号控制，声音、视像、思想活动都可以信息化，随时加以储存和复制。人们就像"动物园里孤苦伶仃的动物，可以看见或听见其他动物的声音，却不能与它们真实接触，具有讽刺意味的是，人类都市生活的社会环境与之相似，城市生活的孤单众所周知"。[2] 随着越来越多的产品连接互联网，方便了人们随时获取信息，同时也降低了信息的可信度，人与人之间关系冷淡。

总之，人类在后工业社会的生活条件与动物园情况很相似，在创造更好条件、保障舒适生存的同时，也付出了昂贵代价，技术和人都被改变，而设计在这种改变过程中起到了加速作用。

---

① ［英］德斯蒙德·莫利斯著：《动物园效应》，何道宽译，复旦大学出版社 2010 年版，第 2 页。
② ［英］德斯蒙德·莫利斯著：《动物园效应》，何道宽译，复旦大学出版社 2010 年版，第 29 页。

二、对工业社会设计的破坏与延续

工业社会的现代设计以理性分析和功能主义为特征，偏重设计的实用功能和社会民主思潮，反对设计精英模式。自20世纪六七十年代以来，后工业社会设计经历了一段破坏与延展过程。随着社会经济、文化、技术领域的新变化，现代主义设计受到极大冲击，后工业社会转向多元化存在方式和趋向自由、开放的认知途径，人们寄希望于人工产品来缓解社会压力，后现代设计以多元化价值观思考人们的生活方式，从20世纪60年代到90年代，设计形式和设计思想处于迷茫与探索时期。

这种设计探索的产生受经济与技术发展影响。在经济领域，卖方市场转向买方市场，社会财富日益丰裕，市场竞争推动了商业设计占主导，引起现代主义设计的改变；在技术领域，简易计算机出现，各种高强度、色彩鲜艳的新材料被应用到生产与日常生活，信息技术为人们的日常物品带入智能方式，设计的更新换代和多样化变得简单容易，逐渐改变人的观念、感觉及思考方式。此时，再反观工业社会的生活情境（单调视觉与物品外形）已经显得格格不入，无论设计师，还是一般大众都要求打破工业社会的严肃，反权威、反技术中心、反理性约束，强调生活的即时娱乐和新的伦理规范，追求富于人性、变化、多元化的设计，在文化领域，后现代主义的全面反思，带动了设计自身的反省，"波普设计"[①]"反设计"[②]运动兴起。

在后工业社会，一大批新兴设计师除了对工业时代的设计进行批判，还提倡设计与新生产方式、新技术配合，努力探索一种与信息时代特征相符合的设计思想与风格。在这场后工业化浪潮中，绿色设计[③]、人性化设

① 20世纪60年代兴起于英国并波及欧美，源于英语"Popular"，反映了当时年轻人反传统的文化意识和消费审美。波普设计打破了现代主义设计冷漠、单一面貌，形式夸张、有想象力、色彩鲜艳、多选用塑料、纤维板等廉价材料，迎合了玩世不恭的生活态度及标新立异、用完即弃的消费心态。

② 20世纪60年代后期兴起于意大利，反对当时主流的消费主义设计模式，认为其误导了对好设计的理解，强调设计师在文化与政治上扮演的角色。

③ 20世纪80年代末出现的一股设计思潮，指在产品及其寿命周期全过程设计中，充分考虑对资源和环境影响，设计核心是"3R"（Reduce, Recycle, Reuse）即减少原料、重新利用和物品回收。反映了人们对生态破坏的反思和设计师的社会责任感。

计①从人与环境角度，后现代主义设计②、微电子风格③从技术发展角度探索了后工业设计风格，当然，这些探索既有对工业时代设计的形式更新，也有伦理上的反思和责任重建，倡导关注社会和环境。

2009年达沃斯世界经济论坛年度会议上，一些著名设计师试图定义"何谓好的设计"，但看似简单的问题却很难回答，设计师们被要求各举一个"好设计"和"坏设计"案例，并给出理由。最后达成共识的观点主要集中在"好职能""功能与情感并重""可持续"，这三点共识正是当前设计的伦理热点。此外，后现代设计师们提倡简约和实用性，也是对功能的延续，但加入了新的设计伦理思想。工业社会设计的简约和实用是出于方便批量生产、标准化和满足更多人的基本需要，而后工业时期的设计要求简约则是强调了节约材料、减少环境损耗与环保的伦理考虑，设计实用性也是为了实现物品功能的好用和长久，抵制后工业时代"用完即弃"的消费方式，是为了承担信息社会日益严重的环境责任。

进入21世纪后，后工业社会的产品信息化特征逐渐明晰，在技术应用方面，计算机技术成熟，互联网得到普及，新一代物联网（The Internet of things）技术出现，这些都对工业设计发展产生革命性影响，无论是设计对象或设计程序与方法，都产生了新变化，设计在继承工业时代简约外形的基础上，从硬件设计走向软件设计，社会生活情境从物质满足转向情感与体验。这将工业社会设计的物质功能扩展到心理与情感功能，正如菲利浦·斯塔克（Philippe Starck）所说："我信任现代的、功能主义的设计，但不能狭义地定义功能主义，设计从某种意义上说，是创造一种引起愉悦的东西，能有使人生活更美好的力量。"④更有甚者，后工业时代工业设计的杰出代表——德国青蛙设计公司（FROG DESIGN）提出"形式追随情感"，把设计的严谨和简练与信息时代的新奇、怪诞结合，在青蛙公司眼

① 兴起于20世纪80年代，指在设计过程中，根据人的行为习惯、生理和心理情况、思维方式等进行设计，使产品具有情感、个性和生命，追求产品趣味性和娱乐性，将设计触角伸向人的心灵深处，让使用者倍感亲切。

② 对现代主义设计的挑战，强调设计既要实现功能，还要表现出丰富的视觉形式，满足消费者精致和多元化的审美需求，设计风格生动、活泼、多元化，但经常呈现出繁琐、杂乱甚至拼凑的面貌。

③ 指电子产品大量涌现而导致的新设计形式，特点是超薄、超小、多功能、轻便、造型简单和内部复杂化。

④ 袁熙旸:《新现代主义设计》，江苏美术出版社2001年版，第241页。

里，"消费者购买的不仅是产品、形象、环境，通过形态购买的还有价值、经验与自我意识"。①

另外，人们在新世纪里的环境意识增强，可持续设计成为工业设计的重要主题，随着全球社会、政治、经济、文化、环境的巨大变迁，设计显现出全新的演变趋势，服务设计、低碳设计等新理念出现。所以，后工业社会的设计从形式、功能、伦理等各个层次，或破坏、或修正、或延续工业社会的设计方式。

三、后工业社会的设计失落

首先，后工业社会"碎片化"指社会阶层及各个分化阶层内部不断分化成社会地位和利益要求各不相同的群体。碎片化现象深深影响了现代人，导致生活方式的开放性和短暂性，所有人都喜欢快速更新和随机消费，人们缺乏耐心去拥有或维修物品和人际关系，这也是托夫勒在《未来的冲击》中所描述的后工业社会人与物的关系：人在短时期内同一连串物品保持联系。这种"瞬态"性关系表现在后工业社会的衣食住行各个方面，"物品存在不是根据使用价值或可能的使用时间，而是恰恰相反——根据其死亡"。②"即用即弃"似乎成为后工业社会人与物的最显著关系，物品生产时间越来越短，使用时间也越来越短，人们生活在一个"过度包装、一次性使用、迅速废弃、不可维修的商品和易变的时尚中"。③经济学家西奥博尔德指出：过去一件产品可销售 25 年，放到现在不会超过 5 年，而在医药和电子行业更缩短到 6 个月，由此造成的短暂性设计随处可见。

其次，后工业社会的多元化特征既增加了多样性，也带来设计的模糊性与过度新奇性消费。社会生产非规模化、非标准化，日常消费一次性化、非物化，设计在此情境下从工业社会的"为生产"演变成"为消费"的战略手段和实施工具，成为推动消费迅速普及和更新的符号系统。后工业社会的"为消费"设计主要表现为由短暂、多样、新奇推动的日常产品，20 世纪后半期开始的"用完即弃"模式和非功能消费正是这种社会情

---

① 袁熙旸：《新现代主义设计》，江苏美术出版社 2001 年版，第 171 页。
② ［法］让·波德里亚著：《消费社会》（2 版），刘成富译，南京大学出版社 2006 年版，第 21 页。
③ ［美］艾伦·杜宁著：《多少算够：消费社会与地球的未来》，毕聿译，吉林人民出版社 1997 年版，第 64 页。

境的直接反映。

此外，多元化的过度和不当，使人从主动使用物品到被动使用物品，今天的用户在充满好奇心和热情的同时，也陷入"技术迷恋"状态，单个信息产品可以实现多种功能体验，造成功能"累加效应"，结果是使用新功能的代价大于新功能本身，引发消费者的操作负荷和心智负担。先前的工业社会着眼于"硬件"设计，而后工业社会倾向于"软件"设计，产品硬件创新的空间变得越来越小，产品智能和交互成为关键，但受专利限制、差异化竞争和新奇性推动，每款产品都会有不一样的使用体验，这极大增加了用户使用时的陌生感和不适应。

最后，后工业社会的信息化方便了生活，也造成设计的符号性与非物性、物品的真实性与情感性减少。所谓符号化指设计不再纯粹为了满足功能需要，更多是出于帮助人们寻找身份、品位、阶层的象征意义（心理满足），通过符号来显示与其他物品的差异性，引起人们的消费认同。进入后工业社会的人们，特别是城市人之间的交往绝大多数只是有限度交往和角色交往关系，在工作、交往及网络中接触的人数激增，中期性关系（朋友、邻居、职业）变得日益短暂，远远超出工业时代的"熟人社会"空间，正如社会学家吉登斯所认为的"陌生人社会"，人与人之间的了解非常不完整，个人的行为表现、消费方式、生活物品等成为人们表现自我与了解他人的重要途径，社会交往文化需要符号化设计。（如表 3-1 所示）

表 3-1　工业社会到后工业社会的设计变化

		工业社会	后工业社会
社会背景	时间	工业革命到"二战"结束后	20 世纪 70 年代前后到现在
	技术情境	崇拜工业技术，强调功能，工业化、标准化、规模化社会	崇拜高技术与高情感，强调体验、短暂性、多样化、新奇性社会特征
设计		物质设计：功能与形式，效率	非物质设计：功能与情感、设计服务、设计体验
伦理		为"生产"设计，强调道德	为"消费"设计，强调责任

第三节　新情境下的设计与责任

一、责任概说

在现代汉语词典中，责任指分内应做之事或没有做好而应承担的处罚。英语"责任"（responsibility）的词根为拉丁文"respond to"，指"答复"，即对行为及其后果的担当和问责。"责任"一词出现得很早，如中国古代有"崇高之位，忧重责任深也""天下兴亡，匹夫有责"名句等。随着时代发展，其内涵越来越丰富，不同学科和领域都提出了不同的责任要求。所以，美国传播学者阿特休尔（Altschull）感叹道：责任是一个内容含混、似乎可以添加任何意思的术语。

从社会学角度看，"责任"指职责，代表了一种普遍要求的社会关系、行为规范和心理体验，包括了经济、政治、法律、道德等多种责任，有社会关系就有责任。由于人类活动对自身及自然有极大破坏性，需要把责任作为社会基本价值（自由、公正、互助）的补充，要增加对生态的责任和对未来的责任。

综合来看，责任应基于以下几方面理解：一是把责任视为义务，是以道德准则形式确定下来的对社会、他人应承担的职责、任务或使命，主要靠责任主体对责任的认识和对自己行为的合理控制；二是把责任理解为后果追究，即对违反社会规范的问责与惩罚；三是把责任理解为一种评价手段，指在一定社会中，对责任主体的社会评价和自我评价。

对责任的分类有多种形式，按照责任涉及的领域，可以分为法律责任、道德责任、社会责任和个人责任四种责任类型。法律责任指承担违法行为引起的法律后果，是最低底线的伦理要求；道德责任指以道德情感和评价为基础，在行为上对风俗、习惯和规范等方面的道德遵守；社会责任指对社会整体要承担的责任，个人和组织都有社会责任要求；个人责任指一定社会中的个体应该承担的对自己、他人、社会的使命和职责。

按责任承担可以分为两种形式，一是追溯性责任，是事后责任承担，指对行为承担后果的责任；二是前瞻性责任，这是一种事前责任承担，指以未来为导向，对行为后果进行理智判断，选择积极或消极行为的责任。

在《应用伦理学前沿问题研究》一书中，甘绍平先生还按照责任主体与其所负责任之事物的关系划分为能力责任、角色－任务性责任。"所谓能力责任指尽最大能力承担责任；角色－任务性责任指根据扮演角色和承担任务而分配的责任，相当于职业道德层面的责任。"①

二、设计在多重视域里的"责任"指向

现今人们既充分感受到设计带来的便利，也看到设计的种种问题，这是因为现代设计除了受技术影响，还深受具体的社会因素、经济因素、文化因素影响，即物品问题能从各个视域里指向设计责任。

从设计的经济视域而言，设计已经不可避免地与经济、商业结合到一起，按照"经济"一词的常见解释，是指物质生产、流通、交换等活动，经济逻辑是以追逐利润为终极目标。美国著名经济学家米尔顿·弗里德曼（Milton Friedman）认为企业唯一的社会责任是提高利润。设计在这些活动环节中有不同程度影响，在商业经济浪潮下，受利益动机的驱使，忽视整体利益、无视道德伦理的设计层出不穷。

后工业社会消费结构发生变化，人们逐渐走出以效率和物品为中心，进入生活品质和环境关系为重要内容的时代，在日常消费品、奢侈品、娱乐等方面的要求越来越多。与此相应，经济活动的外部性（生态环境、文化、社会伦理等）控制加强。丹尼尔·贝尔指出："企业以经济利润率为中心是典型的传统工业社会价值观，这种价值体系至少有三个缺点：一是它在经济核算时只衡量经济商品，而对阳光、空气等非经济物品缺少经济核算；二是它只专注自身成本，对活动带来的溢出成本或社会付出不予考虑；三是只关心市场消费，导致公共消费和个人商品间出现不平衡。"②

此外，随着企业社会责任运动的扩展，经济视野里的活动越来越要求对"非经济物品"的责任，如联合国秘书长安南公布了全球经济中的企业行为规则——"沙利文全球原则"，倡导社会责任是所有公司的重要参照标准。由多个非政府组织发起的全球"企业生产守则运动"，要求跨国公

---

① 甘绍平：《应用伦理学前沿问题研究》，江西人民出版社 2002 年版，第 125 页。
② ［美］丹尼尔·贝尔著：《后工业社会的来临：对社会预测的一项探索》，高铦等译，新华出版社 1997 年版，第 306 页。

司重视全球进程中的负面影响，如人权和环境保护等。现在，越来越多的社会组织加入经济领域，推动社会责任实施，如公平劳工协会（FLA）、全球契约计划（Global Compact）、SA8000、国际社会责任组织（SAI）、地球之友、洁净衣服运动（CCC）、绿色和平组织（Greenpeace）、道德贸易行动（ETI）等。

在消费领域，也兴起一股"责任消费"运动，倡导有社会意识的消费。如选择背一个限量版"I'm Not A Plastic Bag（我不是塑料袋）"的手提袋，拒绝使用含动物成分的化妆品，少穿皮衣，或者在力所能及的条件下优先选择"负责任企业"生产出来的商品（购买百事在沙漠种土豆的薯片），鼓励消费者以自己的消费权利引导社会责任，让消费者不仅关心物品本身，还要关心物品生产过程、使用过程和使用后的处理。

设计的技术视域，在一定程度上认为设计的面貌取决于技术发展。从古代生产工具、服饰、交通工具到现代生活用品、各类工具的设计，都无法离开技术支持。科技发展、材料进步、制造技术的提高对设计完善和进步起到非常重要的促进作用。从工业社会到后工业社会，技术在设计领域的广泛介入产生了双面效应。一方面，新技术和新材料使设计呈现丰富多彩的状态，人们以技术为基础，通过设计手段创造了全新生存环境和生活方式。以灯具设计为例，自爱迪生发明电灯以来，技术发展使灯具设计经历多次革命性变化，20 世纪 60 年代镭射技术发明，出现氙灯，光源完全不同于以前的灯具；80 年代初小型变压器技术应用，出现了微型日光灯，低压灯泡出现，照明方式的设计也因此多次变化。从白炽灯的散射照明（整体照明）到单束定向照明，使得公共室内与家居照明有了很大变化，此后，灯具形态和照明方式越来越丰富和个性化，极大满足了不同场合和人们对灯光的心理需求。（如图 3-1 所示）

图 3-1　照明技术的进步与灯具设计演变

材料对设计的影响也是如此，如以色列环保主义设计师 Ayala Serfaty 经常说道："我希望作品可以刺激人们注意眼前环境，提醒人们生命是一个谜，传达出我们的感情和精神。"她的作品表现了灵动而随意的生活态度，表达着一种自然之美，这种形态和内涵得益于技术和材料，如 Gladis 沙发外形是手工缝制的各类纺织织物，内部使用聚氨酯泡沫填充，见图（图 3-2、图 3-3a、图 3-3b）。

图 3-2　Gladis 沙发

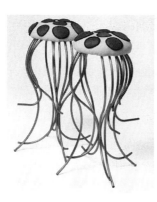

图 3-3（a）　海洋生物椅

图 3-3（b）　海洋生物椅

另一方面，技术在设计中的应用也出现了异化现象，后工业社会出现的诸多社会问题既是技术异化的表现，也有设计责任缺失的影响。首先，高技术下的工作方式是分散、独立的个人与机器间的紧张沟通，人与人之间因隔离变得孤独、寂寞。甚至，信息技术的快速更新已经让很

图3-4　键盘伤害

多人无法适应和跟随；其次，工业社会以来，设计中不负责任的使用材料和忽视负面影响，使人们饱受伤害，如塑料等化工材料在日常生活中的随意应用，使得现代男子的精子数量远远低于过去；再者，现代社会的高技术"职业病"以及副作用也与设计对技术的应用不当有关，2008年福布斯曾评选过给用户造成伤害的七大技术，其中四个就与信息技术使用相关，其中一项是计算机键盘设计得不合理，由于使用者长时间保持同样姿势，很容易造成头痛及背部疼痛，甚至某些部位的肌肉过度发达，影响平衡能力。（如图3-4）

此外，技术通过设计变得越来越容易被人们使用，而作为个体的人则在视觉、听觉、身体机能、意识等本能方面逐步退化，如长期收看同一节目，使人们趋向于无独立思考。不少类似趣味性设计在方便、娱乐生活的同时，由于其"懒惰性"也引起人们争论和反思。如图3-5是一款专为懒人设计的自动挤牙膏器，图3-6是日本TAKARA TOMY A.R.T.S公司设计的单手食用"智能饭筒"，主要考虑了网络与智能手机普及后，很多人一边吃饭一边盯着电脑或手机时不方便，图3-7是智能垃圾桶设计，它能自己移动位置，准备接受人们随手扔出的垃圾。这些设计给人们新鲜的同时，也让很多人开始反思现代人是不是越来越懒。

在设计的社会视域，设计不仅创造物品，还由物品延伸人与社会的关系，无论是建筑设计、交通工具设计，或是家具、餐具、通讯等日用品设计，都以进入具体社会生活为目标。设计与人类社会息息相关，是人与自然、社会、文化、技术的协调者，约翰·克里斯·琼斯（John Criss Jones）在《设计方法》中提到设计应发挥社会功能，人类使用物品的过程中，存在大量需要解决的问题，如交通拥堵、老年人增加、城市污染等，这正是设计可以参与的地方。

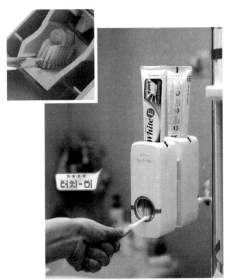

图 3-5　自动挤牙膏器

图 3-6　智能饭筒

图 3-7　智能垃圾桶

设计初衷是为了提供舒适、便利的生活，然而，进入后工业社会以来，看似漫不经心的设计却给人类生存造成了危机，从一次性产品、干电池到各种噪音、电磁波、人造物甲醛等等。因而，设计必须综合考虑环境、社会、人类的真正需求（而不是欲望），达到最大限度地利用有限资源的目的。

2006 年，一群设计师和设计研究者在英国布莱顿发表了《布莱顿宣言》，宣言主题"设计终极目标是为人类更好的生存状态"，美国景观设计大师加勒特·埃克博（Garrett Eckbo）认为，"只为美观的设计是缺乏社会合理性的奢侈品"。2008 年都灵 Changing the change 国际会议上曾提出"社会设计"，这是一个全新概念，反映了设计应该面向社会的含义，即设计"社会福利、社会责任"，提供"社会利益"。

除了环境问题，社会公共问题也需要设计予以关注。如老年化问题，据联合国相关数据预测：至 2020 年，老龄人占总人口比重将达 9.3%，截至 2011 年底，我国 60 岁以上老年人达到 1.85 亿，由于身体机能衰退，老年人在健康、生活需求、娱乐与出行中的问题有一半与产品设计有关，通过设计消除障碍，让弱势群体享受生活便利，感受社会关爱，这是社会对设计的责任要求。甚至一些公共社会问题也需要设计的介入，以帮助更好地解决困境，如 2007 年纽约 Cooper—Hewitt 国家设计博物馆举行了一个主题为"为另外 90% 的人设计"（Design for the other 90%）展，共有 30个设计项目，主要面对贫穷国家的医疗卫生、基本生活、能源、运输、社会发展与环境等各个方面，从简单实用的净水器、滴灌装置、载重自行车到太阳能路灯系统、可生物降解的应急帐篷、便宜的便携式电脑等，按照主办者说法，希望通过这些有社会责任感的设计，帮助增强"人道主义"意识。

总之，设计要参与解决社会问题，承担起相应的社会责任，通过设计帮助人们解决面临的生存与发展挑战，寻找简单和低成本的方法解决日常生活中的健康、居住、教育、能源和交通等各方面社会性需求。

三、设计"去道德化"与伦理重建

从 20 世纪 70 年代开始，"责任"作为分析现实社会各领域里重大问题的伦理维度被广泛提及。美国哲学家汉斯·尤纳斯（Hans Jonas）在《责任原理》中明确提出科技进步远快于工业时代的伦理进步，需要建立一种新的伦理维度，即发展一种预防性、前瞻性的责任意识，以责任约束技术文明的负面影响。它最明显特征是强调责任的长远性与未来性，责任伦理在后工业社会产生巨大反响，并广泛深入其他学科与实践领域，引起人们普遍重视，其原因正如甘绍平先生所言："责任原则是解决当代人类面临复杂课题的最适当原则之一，恰如其分地体现了当代社会在技术时代的巨大挑战面前所应有的一种精神需求。"①

责任伦理提出日常生活审慎的行为方式，关注消费无限膨胀、技术过度发展，生态破坏等具体问题，但一直以来，国际行动委员会倡导的《人类责任宣言》并没有很好实施，原因是宣言倡导的责任没有找到合适的实施方式，设计直接或间接地影响着人的行为、生活方式，是实现责任伦理的可行途径，有助于责任推行，这是后工业时代责任伦理在设计中突出的必然趋势。正如尤纳斯（Hans Jonas）所认为：传统道德是分析善，而责任伦理是要阻止恶。后工业社会的诸多普遍性危机在设计领域都有显现，设计需要运用责任伦理来处理设计中人、物、技术、环境的问题，摆脱被动的道德说教，由"去道德化"走向"责任"设计。无论女性设计②、波普运动，或解构主义③、孟菲斯④等，都是对传统价值的缺陷进行反思，修正设计对人性的忽视，如孟菲斯风格坚决反对大规模消费，主张设计情感和文化内涵。随着资源被无序利用，导致环境恶化，社会发展出现不可持续，从拉夫尔·那达（Ralph Nader）批判《任何速度都不安全》、巴巴纳克（Papanek）的设计为人民服务、为残疾人服务、为保护地球服务，到绿色设计、可持续设计，都体现了对设计责任的思考。

后工业社会的设计探索，无论批判或创新，其思想都起源于人、物、社会及自然之间的关系审思，都与当前社会思潮息息相关，是尝试寻找适应后工业社会信息化的新设计方式与途径。自20世纪60至90年代的形成与发展，设计呈现出两种不同的实践观，一种是"价值创新理论"，强调设计创造产品附加值和诱导消费的商业价值；另一种是"合适设计观"，强调通过设计改善社会与人的合理需要。人性化设计、健康设计、非物质主义设计等，正是责任层面上的设计伦理主张。（如表3-2）

---

① 甘绍平：《尤纳斯等人的新伦理究竟新在哪里》，《哲学研究》2000年第12期，第51页。

② 一种从性别差异进行人性化设计的方法，设计过程中充分考虑女性生理、心理、审美等特征，体现对女性及其全面发展的关爱。

③ 兴起于20C80S，反对现代主义设计的单调和后现代主义的过分装饰与商业化，认为完整性应寓于部件的独立显现中，设计形式多表现为不规则几何拼合，或视觉上的复杂感。

④ 一个意大利设计师集团，是后现代设计流派之一，反对一切固有观念和固定模式。开创了一种突破清规戒律的开放性设计思想，设计表现出各种极富个性、情趣、滑稽、怪诞和离奇等。

表 3-2　走向责任的设计

	工业时代	后工业时代 （20 世纪 60—90 年代）	进入 21 世纪的 后工业社会
设计技术	机器为中心（功能设计）	产品为中心（价值创新设计）	信息为中心（非物质设计）
设计伦理	设计道德（民主化、艺术化）	以人为中心（合适设计）	设计责任（情感、环境、信息）

　　在 21 世纪刚刚过去的 10 年里，微电子、通信、网络等信息化生活方式的普及，推动了基于信息产品的非物质社会到来，设计全球化问题、生态问题、产品信息化、智能化问题，都是后工业社会变迁中所形成的设计困境，设计应从责任视角关注自身对社会、文化及生存环境的影响。

第四章　后工业社会的设计责任基础

第一节　设计责任的思想基础

一、设计自身的责任认知

（一）由设计定义看其责任

设计的定义非常丰富，如美学百科全书中解释为：设计是解决问题的技术活动，涉及社会、物品、情感等广泛内容，目标是建立人类生活的适应性系统。张道一先生认为"从字面理解，设计指设想和计划"；柳冠中老师认为设计是"创造合理使用方式的创造性行为"；武藏野先生认为"设计是追求新的可能"；国际工业设计协会（ICSID）前主席亚瑟·普洛斯（Arthur ProLogis）认为"设计是一种有创意的开发活动，以满足物质和心理需求为目标"。

这里，作者以工业设计概念的演变过程为典型，分析了设计责任的逐渐凸显，目前，国际工业设计协会的设计定义相对权威并且获得了较多认可，我们熟知的有 1970 年、1980 年和 2006 年的三次修改：

◆ 1970 年国际工业设计协会（ICSID）对工业设计的解释[1]：工业设计是制作物品形象的创造活动，受产业状况、物品结构与机能、使用者和生产者需要决定。

◆ 1980 年，ICSID 对工业设计的解释[2]：为批量生产服务，赋予物品在结构、材料、表面形式等方面新的品质，此外，设计者以技术、经验帮助解决物品包装、市场宣传等问题也是工业设计。

◆ 2006 年 ICSID 再次修改定义[3]：设计目的是为物品、过程、服务建立高品质，设计是技术人性化和经济文化交流的重要因素。

---

①②③　详细内容见 http://zh.wikipedia.org

设计任务是致力于发现和解决在结构、组织、功能、表现和经济上的关系问题，包括增强可持续性发展、给社会和个人带来利益、支持文化多样性、赋予产品和服务适宜的表现形式与内涵。设计包含了产品、服务、建筑等在内的广泛专业活动，这些活动与其他领域配合，共同提高生命的价值。

这三版定义不断修订的过程，就是对工业设计从满足产品功能到满足市场，再到关注责任伦理的认识不断深入过程。1970 版定义为根据产业状况设计物品形象，1980 版定义为设计物品品质，2006 版定义为生命系统中的创造性活动和服务，并细化了设计的全球道德、社会道德、文化道德、利益价值所在。（图 4-1）

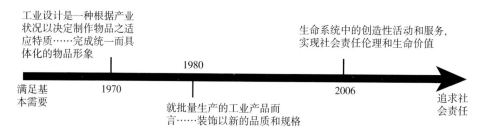

图 4-1　工业设计定义的演变

（二）责任伦理："好设计"评价的新内容

好设计是一个"仁者见仁，智者见智"的问题，2009 年达沃斯世界经济论坛年度会议上的"好设计"争论充分说明了定义的难度，但这并不代表"好设计"没有逻辑和评判。在全球化、非物化特征明显的今天，"好设计"评价除了良好的功能、外观和市场等传统因素，还要求充分考虑社会、政治、经济、文化及生态。比较设计领域的三大国际设计赛事，可以从其设计评价标准的发展历程中明显发现：责任伦理是当前好设计的新要求。

1. 德国 IF 设计奖评选标准

IF 是德国工业设计论坛的简称（Industrie Forum），IF 设计奖创办于 1954 年，经过几十年发展，在当前享有很高的国际知名度，被誉为"设计奥斯卡"，成为优质设计的象征性标识，IF 设计评选不仅强调功能性、便利性、创新度、生产质量与造型美感，更重视设计能否为生产者和大众指

出未来发展趋势。（见表 4-1）

表 4-1　德国 IF 设计奖评选标准

	2005 年 IF 评价标准（中国区）	2012 年 IF 评价标准（中国区）
相同	设计品质 材料选择 创新程度 功能性，人机工学性 安全性	设计质量 / 营销 材料 创新程度 / 创造性 功能性 安全性
变化	工艺 环境友好 使用上的视觉明晰 品牌价值和品牌营造 技术的与形式的分离	实际可行性 / 阐释程度 适用性 永续性 社会责任 通用设计

资料来源：http://www.ifdesign.de

2. 美国 IDEA 奖评选标准

创办于 1980 年的美国 IDEA 奖（Industrial Designers Society of America）被誉为全球工业设计三大奖项之一，为了让商界与一般大众能够了解好设计、工业技术对经济和生活的影响与重要性，其评价标准随社会发展的需要而调整，反映了当前设计的新趋势。

IDEA 设计奖评选标准从最初的五项内容逐渐调整，扩展到 2012 年的七项内容，其变化过程体现了责任伦理的重要和深入，其最初内容为：

◆ 设计创新性（innovation of the design concept）

◆ 材料应用和生产效应（use of appropriate materials and cost-efficient Production processes）

◆ 用户价值（benefits to the user）

◆ 客户价值（benefits to the client）

◆ 外观吸引（customer appeal）

1990 年又增加"社会影响"（positive social impact）标准，要求设计必须考虑文化全球化与地域传承、弱势人群和生态问题。

此后，设计标准受技术危机和社会思潮影响，进一步把"社会影响"扩展为"社会责任"和"生态责任"两项独立标准。2012 年的设计评审标准中，已扩大到七个方面，如表4-2所示：

表4-2　美国IDEA设计奖评选标准

	标准	内容	
1	创新性	设计、体验、制造	design, experience, manufacturing
2	用户受益	舒适、安全、可用性、界面、人机交互、便捷、生活质量、能否买得起	comfort, safety, ease of use, user interface, ergonomics, universal, quality of life, affordability
3	责任	有益于社会、环境、文化、经济（能让更多人得到、减少疾病、提高竞争力和生活质量、支持多样文化、产品生命周期中对环境影响，方便维修/再利用/可循环、排毒问题）	Benefit to society, environment, culture and economy
4	客户受益	增加利润、提高影响力、激励员工	profitability, brand reputation, employee morale
5	审美	视觉感染和适度审美	Visual appeal and appropriate aesthetics
6	设计研究类	考虑可用性、情感因素和未满足需求	usability, emotional factors, unmet needs
7	设计战略类	战略价值、内部因素、可实施性与方法	strategic value, internal factors, implementation and methods

资料来源：http://www.idsa.org，IDEA2011CriteriaChineseTranslation

此外，IDEA还专门设置了"责任奖"，评委们基于社会、经济、环境和文化问题，从金、银、铜奖中挑选出最负责任者。

3. 日本G-Mark设计奖评选标准

日本G-Mark设计奖由日本产业设计振兴会主办，与德国IF、红点（Red Dot）、美国IDEA并列为国际重要奖项，是日本最专业的设计评选机制，现在成为日本最有公信力的设计保证和消费者潮流指向标。据调查，G-Mark在日本的认知率高达88%（2011年），优良设计奖的评审对象涉及生活用品、工业产品、建筑、环境、信息、商业模式及研究开发等广泛领域，G-Mark 设计奖不仅评审物品，还超越设计评测，通过设计影响力引导人们深思关于责任伦理的议题，如使生活和生产永续运营、老龄设计等，以设计帮助构建可持续社会与环境。其 2011、2012 年的 G-Mark 奖评审标准鲜明体现了这些要求。（见表 4-3）

表 4-3　日本 G-Mark 设计奖评选标准

1	人性（Humanity）	对事或物的创造发明能力
2	真实（Honesty）	对现代社会的洞察力
3	创造（Innovation）	开拓未来的构想力
4	魅力（Esthetics）	对生活文化的想象力
5	伦理（Ethics）	对社会与环境的思考能力

通过纵向与横向比较三大奖项的评审标准，发现 IF 侧重"产品整体属性"与"价值感"的平衡，IDEA 侧重"商业价值与人性化"，G-Mark 注重"品质生活"，但近年都重视了责任伦理，人文关怀与社会责任是获奖作品的共同特点之一。如关注弱势群体、促进社会和谐、可持续、合作共赢等，这些都是设计评审中日益重视的内容。

（三）设计责任从话语到操作：设计宣言到责任运动

由于社会责任外延非常广泛，国际上还没有统一的社会责任定义，有的将社会责任限定于企业社会责任（CSR），有的扩大到所有组织的社会责任（SR）。随着社会责任运动兴起，各行各业的责任标准形形色色，但大体归纳起来，主要有三种形式：政府组织的责任标准（如联合国人类环境宣言等）；非政府组织的社会责任标准（如全球契约、SA8000、京都设计宣言）；跨国公司的责任行为要求（如耐克的社会责任体系、宜家可持续发展报告等）。具体到设计领域，当前的社会责任主要集中在非政府组织的设计宣言与跨国公司的设计责任实践两方面。

1. 非政府组织的设计宣言与社会责任：

● 2001 汉城工业设计家宣言

2001 年，第 22 届国际工业设计联合会（ICSID）在汉城举行，这次大会聚集了来自 53 个国家的著名设计家、建筑学家、艺术家、社会学家及哲学家，大家共同探讨了 21 世纪设计的未来发展，花费近十个月时间完成了《2001 汉城工业设计家宣言》（见表 4-4），对设计的对象、意义、价值进行了回答，其中的"使命"和"重申使命"反复提及设计的社会责任要求，为设计实践提供了清晰的责任指导和操作指南。

"使命"中第 1 条、第 2 条、第 4 条；"重申使命"中的第 2 条、第 3 条、第 4 条、第 5 条都是谈论设计应肩负的责任问题。（详见表 4-4）

表 4-4　2001 汉城工业设计家宣言

	挑战	工业设计将不仅是工业的设计；将不只是关注工业生产的方法；将不再漠视环境；将不只是为物质满足
2001 汉城工业设计家宣言	使命	工业设计应在人和人工环境之间寻求一种前摄关系，回答"为什么"比"怎么样"更重要；应有助"主体"和"客体"的融洽，为人、物、自然和身体创造平等与整体关系；应通过联系"可见"与"不可见"，鼓励人们体验生活深度与广度；应是一个开放概念，适应现在和未来需求
	重申使命	为伦理的工业设计家，应通过提供创造性使用人工制品的机会，培育人的自主性和尊严；为全球化的工业设计家，应通过协调各方面，帮助可持续发展；为启蒙的工业设计家，应推广一种生活，使人们重新发现日常生活的深层价值和含义，而不是无限刺激欲望；为人文的工业设计家，应通过制造文化间的对话，为文化多样性做贡献；为责任的工业设计家，应清楚当前决定对明天事物的长远影响

● 2008 京都设计宣言[①]

2008 年 3 月，国际设计艺术院校联盟会议在日本京都召开，13 名联盟执委会委员共同发布了《2008 京都设计宣言》，这份纲领性文件由 CUMULUS 前主席、阿尔托大学约里奥·索达曼（Yrj Sotamaa）教授撰写，指出设计实践、教育和研究的目标是"担负起可持续、以人为本、创新型社会的全球责任"。宣言包括了六个方面内容：

（1）新的价值观及思考方式：人们生活在相互依赖的全球体系中，设计是创造社会、引导文化、改造环境和产品、提升产业和经济价值的途径，通过设计提出新的价值理念、生活模式和适应变化的方式。

---

① 宣言内容来于：http://www.aigachina.org

（2）"以人为本"发展模式：社会驱动模式由技术转向人，智力和非物质价值观成为其中关键，设计思维是转变过程中的核心因素之一。在此过程中，文化传统非常重要，有必要被扩展和复兴。

（3）担负新角色的需要：全球化、经济与社会问题日益受到设计关注，这为设计、设计教育和设计研究提供了机遇，设计正面临重新定义，设计师面临新的角色挑战。

（4）寻求协作，促成可持续发展：设计在各种机构、公司、政府、非政府组织间寻求合作、分享共识，共同促进可持续理念。

（5）从教育到全球责任：在社会、生活环境、文化及经济发展中履行责任，致力于创造一个基于可持续、人本和创新社会的价值体系，并承担对青少年的教育责任。

（6）根本进步的力量：人本设计以全球化和可持续原则为前提，将在经济、生态、社会及文化方面有所贡献，为人们共同的幸福创造希望。

二、应用伦理与责任

20 世纪后半期兴起的应用伦理学不同于理论伦理学和传统伦理，强调关注大众生活和社会现实中具体的、有争议的道德应用问题，如生命伦理、生态伦理（或环境伦理）、消费伦理、科技伦理、网络伦理、媒体伦理等，从这个角度而言，设计伦理也属于应用伦理的范畴。

法国著名伦理学家涂尔干（Durkheim）曾说道：任何职业活动都需要有自己的伦理，否则其社会活动不会存在。"责任一词在西方 18 世纪只是法律范畴，到 20 世纪，通过对传统伦理学的批判，责任概念才日益凸显为当代伦理学的关键范畴。"[①]

"责任伦理"概念最初由德国社会学家马克斯·韦伯（Max Weber）于 20 世纪初提出，1979 年，德国学者汉斯·约纳斯出版《责任原理：技术文明时代的伦理学探索》一书，责任伦理由此兴起。自 20 世纪下半叶以来，越来越多的学者关注责任研究，出版了很多责任伦理著作，涉及企业、社会、学术等不同领域和政府、全球、消费等各个方面，试图为后工业时代伦理学建立新的伦理维度。如范伯格《责任理论文集》、马杜拉《商业伦

---

① 甘绍平：《尤纳斯等人的新伦理究竟新在哪里》，《哲学研究》2000 年第 12 期，第 51 页。

理与社会责任》、约纳斯《责任原理：技术文明时代的伦理学探索》、西蒙《计算机伦理》、斯丹尼克《负责任的研究行为》、范图尔德《动荡时代的企业责任》、汉斯·昆《全球责任》等。

责任伦理是出于"解决定位危机"的反思，探讨了科技、生命、生态、情感、日常生活中的实际伦理困境，主题是责任与控制，责任伦理的"责任"与传统道德"责任"有较大区别，其内涵与特征更符合当前设计发展需要，也奠定了设计在信息时代的伦理基础。

首先，责任伦理是一种远距离伦理，后工业社会的高科技发展（特别是信息技术）使行为主体的交往方式发生了根本性变化，呈现出以技术为中介的远距离伦理关系，相较于近距离的传统伦理，它在时间和空间维度上延伸得更远。时间维度上，后工业社会人们要从未来人权利和当代人责任角度反思技术影响；空间维度上，既要正视全球化在民族文化、地域生活中的问题，还要意识到人不仅对"人工社会"负责，还要对自然环境负责，解决这些事情需要全球性责任视野。

相反，传统道德习惯于把责任指向个人行为，以风俗、禁忌、道德等形式实现目的。从责任意识和内涵来说，传统道德中的责任概念是一种狭隘担保责任或追溯性责任，具有近距离特点，关注当下、相邻、此时此地的事，只关注对人而且是同时代人的责任，责任追究对象比较单一，而且往往是事后性责任。而责任伦理中的责任概念是一种预防性、前瞻性责任，强调事前责任意识，是一种积极性的行为指导。两者区别详见表4-5。

表4-5　传统伦理与责任伦理之"责任"比较

	特征		内涵	新发展
传统伦理之"责任"	近距离　当下性 相邻性　分散性		狭隘的担保责任、聚合性责任、事后责任、消极性责任追究	责任信念化、道德化
责任伦理之"责任"	远距离　整体性		预防性、前瞻性责任，发散性责任，事先责任，积极性责任追究	责任实践化、具体化

就效果来看，事前性责任更符合当前需要，中国消费报在2009年报道了一个典型案例：有人买了台"米糊机"送老人，但不久就发生产品伤

人事件，老人被喷溅的米糊烫伤手，质量机构调查后，认为老人虽然存在操作过失，但产品设计隐患是事故主因，最后判决企业赔偿。若细心观察，我们会发现生活中存在很多类似问题，这显然是设计师和企业缺乏事前责任意识，事后再多补偿也无法换回已造成的伤害。

其次，责任伦理是整体性伦理，后工业社会是一个精细化的巨大系统，由越来越复杂的设计与创新、消费与服务等过程构成，个体的作用越来越有限，与之相适应，决策或行动带有集体性和整体性的影响力，责任不能仅局限于此时此地、人与人之间，需要以责任认知为导向引导和控制人们整体的行为。（责任伦理的整体关系见表4-6）

需要指出的是，从传统道德到责任伦理，并不是取代，而是对传统责任概念的扩展和补充，与传统道德中的责任相比，责任伦理中的责任有两个显著特点：一是责任解释度的拓展，责任导入在事前、事中、事后的全过程；二是凸显实践维度，改变过去隔离于生活情境的状态。传统伦理是理论型伦理，建立的是一套道德原则，而应用伦理学是探讨如何将原则应用于个案或具体情境中。因而，责任伦理强调原则或基本规范在现实生活中的具体实践性，主要考虑责任的可应用性问题。

社会物质和知识积累在技术发展中得到了很大提高，也使设计发挥了更大作用，人们拥有了过去很难得到的舒适和便捷，人们对技术的进步和负面影响逐渐有了全面了解，但对设计产生的影响却知之甚少，需求膨胀与设计满足的失衡造成了很多非技术问题，这意味着设计要承担由此产生的责任。

表4-6 日常生活中的责任分类

责任主体	一	二	三
何人负责	个人	企业体	社会
何事	行动	产品	禁止不做
为何	可预见的后果	不可预见的后果	遥远或后来的后果
因何	道德的规则	社会的价值	国家的法律
对什么	良知	他人的判断	法庭
何时	事先：前瞻性的	当前	事后：追溯性的
如何	主动地	设想地	被动地

三、社会契约与利害相关者

吉米·福尔克（Jim Falk）曾在《主权的终结》中说道：责任感是自身与他人、自然的统一感的契约，设计责任的社会认定可以从身份和契约两个角度来解释。

首先，从身份角度来看，设计责任的划分基础是利害相关者，"利害相关者"是美国经济学家安索夫（Ansoff）提出的一种公司管理思想，他认为企业要综合考虑诸多利益相关者间的冲突。20 世纪 90 年代，这一思想被借用到社会管理领域，1996 年，英国工党领袖布莱尔（Blair）提出"利害相关者"社会，提倡社会责任，从而把"利害相关者"提升到了国家和社会层面。

"利害相关者理论"的核心内容是：企业是利益相关者的结合体，与股东、雇员、顾客、政府和社区等相互影响、紧密联系，有责任为其他利害相关者创造利益。由此，利害相关者成为探讨社会责任的重要理论。

"利害相关者"有广义和狭义之分，广义上是指对企业目标实现过程有影响的任何个人和群体，以美国经济学家米切尔（Michel）为代表；狭义上是指影响企业生存的人和群体。自弗里曼（Freeman）在《战略管理：利害相关者理论研究》中普及这一概念后，"利害相关者"成为标准范式被广泛传播。许多领域的研究者将它与社会责任相联系，认为个人利益和承担责任可以创造互惠的社会关系，一方面，依靠利害相关者明确了社会责任范围；另一方面，社会责任的实证案例弥补了利害相关者理论不足，为责任研究提供了新领域和新方法。

米切尔划分了成为利害相关者的三个条件：一是影响力，是否拥有影响决策和行动的能力和相应手段；二是合法性，具有被法律或道义上赋予的索取权；三是紧迫性，群体要求能够引起管理层的关注。

责任是对利害相关者的规范延伸，既要求符合社会公众（消费者、企业、社区）的正面价值，又不损害利益相关者的利益，本书中借用的是广义理解。进入后工业社会，人的创造性被解放，设计越来越深刻影响到社会生活的方方面面，设计师作为一个职业群体，已成为经济活动中的关键角色，在研究和开发各种产品时，必然要对利益相关者的健康、安全、福利及生态环境、未来发展等承担相应责任。

根据成为利害相关者的条件和设计责任涉及范围，这里把设计的利益相关者分为社会性利益相关者一级和二级、非社会性利益相关者一级和二级四个小类。（见图4-2。）

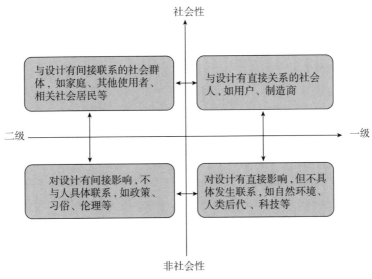

图4-2 设计责任的利害相关者

其次，从契约角度来看，设计面临的核心问题是商业契约和社会契约的结合。托夫勒（Alvin Toffler）的《第三次浪潮》和克莱·舍基（Clay Shirky）的《认知盈余》都表达了这种观念：信息社会中，组织契约和商业关系需要弱化，而社会内在契约要加强。

契约本意指买卖双方以文书形式，对权利、义务的具体规定和承诺。社会契约是与社会发展阶段相适应的一种社会性规范，可细分为经济和伦理两个层面。

最早，社会契约是西方16世纪出现的一种国家学说理论，以洛克（Locke）、卢梭（Rousseau）和霍布斯（Hobbes）等人为代表。20世纪30年代，社会契约被引入企业问题研究，如科斯（Coase）《企业的性质》，到20世纪80年代，社会契约被广泛运用到其他领域，以帮助认识政府、企业等社会责任，20世纪90年代，唐纳森（Donaldson）和邓菲（Dunfee）提出了综合社会契约理论，认为企业活动与社会在每个环节都能建立互惠关系。

社会契约包括了显性和隐性两种契约内容，显性契约是一种有正式约束力的规范，如法律、规定等；隐性契约是一种非正式要求，产生于群体或社会的普遍观念和态度，体现了共同的价值认识、行为期望。

契约理论使社会责任与利益相关者建立起紧密关系，使社会责任有了明确对象和理论基础，利益相关者为社会责任研究找到了衡量方法，社会责任是利益相关者的实证方式。

就设计的社会契约关系而言，一方面，它要求设计师必须在社会法律和行业法规内进行创意；另一方面，社会对设计角色、设计责任和伦理方面的期望也受后工业社会特征和观念的非正式要求。受人的理性、社会变化、消费观念、技术应用等诸多因素影响，导致社会、企业、个人（包括设计师）之间的责任、权利和利益经常变化和不均衡，设计师应通过发挥设计优势，以问题最小化方式增加消费者和客户利益，进而促进社会合理发展，这是设计存在和发展的伦理基础。

第二节　设计责任的承担主体

一、设计责任的界定与认同困境

设计有责任保护那些受到其影响的人，但仅要求设计师承担责任并不现实，设计责任的界定与承担面临着诸多困境。20 世纪 70 年代，德国著名的责任伦理学者尤纳斯（Hans Jonas）在"责任伦理学"中为责任原则设定了三个前提条件，（如图 4-3 所示）。目前，关于设计是否对生活、环境、社会产生影响已经取得共识，但设计行为的控制和在多大程度能预见后果则是模糊的，这是责任界定的困境。

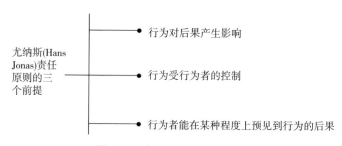

图 4-3　责任原则的三个前提

困境之一，设计师多重角色造成的矛盾及责任主体的集体化趋势。这两点使得设计师的责任追究和界定变得模糊，设计师在责任面前退缩了。自 20 世纪中期以来，新的生产方式逐步改变设计师的工作方法和社会地位，一方面，设计工作"系统化"和"图纸化"，设计工作变成与相关人群（以项目需要选择专业人群）合作来弥补知识结构的不足，设计责任被分散。另一方面，设计职业角色形成，设计师在后工业社会里扮演着不同的职业角色和社会角色，除了职业责任，还有对公众和社会的责任，而这些不同角色之间有时会出现矛盾。如客户为了经济利益忽视产品安全或对环境造成危害，由此导致产品设计不合理，造成消费者的健康、安全和利益受损，设计师是否应该拒绝执行，甚至向社会揭露，这种设计责任是否全部由设计师承担？这将使他们陷入两难的责任困境。

以 1999 年通用公司的天价赔偿案为例，因汽车油箱设计不合理引发了一起交通事故，法院认为油箱和保险杠的距离仅 25 厘米，从而导致汽车被撞后油箱爆炸起火，油箱正确位置应在车轴以上或为油箱设计屏蔽装置，而且调查还显示，通用公司完全明白这个设计隐患，但由于重改设计的费用较高，也不愿收回汽车，有意忽视了此问题。所以，法院判赔给 6 名消费者 10.9 亿美元，这是美国历史上因产品设计问题赔偿的最高金额，在这场事故中，设计责任由企业集体负责，设计师只是具体执行者。

困境之二，设计能在多大程度上预见行为的后果。首先，设计受工具理性观的制约，有些设计物品的使用和废弃很难在短时间内明显发现利弊影响，等到发现破坏力时，已经危机泛滥。一次性产品就是典型例子，当塑料发明出来时，一致认为以塑料制作生活用品，会大量节约材料与成本，从短期看确实如此，但几十年的使用过程中，塑料带来的危害远远大于节约，造成令人头痛的"白色污染"。此后，人们寻找新的环保材料，认为纸张容易降解，一次性纸制产品迅速流行，消费者与设计师都认为做到了环境保护与责任消费，但有研究表明，纸张并不是想象中的那么完美，生物可降解产品不一定有利环境，研究认为，可降解材料在垃圾场无氧降解会释放甲烷，如果捕捉和利用，能成为宝贵能源，如果释放在空气中，会造成温室效应，事实上，有三分之一是无氧降解中释放到空气中。而且，从纸张生产过程看，造纸过程消耗大量资源，产生的污染比塑料品更甚。加拿大多伦多大学一项研究认为，以纸代替塑料只是将使用污染转移到生产过程。所以，正如本节开头所说，设计能在多大程度上预见行为后果是责任的困境所在。其次，受社会消费文化的影响，各种夸张、眼花缭乱的煽动性消费设计加速了浪费和不合理生产与生活方式，带来环境破坏和人身伤害，设计师置身于这样的商业链中很难顾虑到设计道德。再者，传统伦理对设计的滞后影响，传统伦理习惯于以良心和经验要求行为能力，而且都是事后以结果产生的危害来批判，导致了设计伦理只是一种没有实践目标、抽象的伦理价值，这显然很难去约束设计不合理的行为。

困境之三，信息社会的新冲击，很多新的设计责任问题不明确。信息技术与信息文化的到来，必然带来一系列社会冲击，新的社会现象带来对责任伦理的新思考。如大众文化与视觉文化的设计问题，在后工业社会学者贝尔（Bear）眼中，"感觉革命"与交通革命消除了社会隔离状态，大众社会和大众文化出现，造成对变化和新奇的渴望和对轰动效应的追求，形成信息社会的视觉文化主流。但比较视觉文化和工业社会的印刷文化后，就能看到某些模糊的设计责任与伦理问题，（见表4-7）。

表4-7　视觉文化和印刷文化

	社会背景	设计效果	传播	影响
印刷文化	工业社会	内容设计	人们自己调节阅读过程，可以充分思考，强调内容的认知性和象征性，是一种抽象思维方式	能引起人们的理解和长久情感
视觉文化	后工业社会	技术设计	以技术手段（如蒙太奇等手法）为人们提供感官刺激，追求直接、同步、轰动的效果	导致受众与生活世界和文本间的心理距离、社会距离，一种虚拟空间，阅读退化

此外，还有后工业社会的信息化断层问题、信息使用的安全与方式问题，严重依赖计算机导致的颈椎病、干眼病、鼠标手、萝卜腿等"计算机病"、离开计算机后产生的心理恐慌症、过于沉迷游戏和网络的问题，这些都是后工业社会出现的新责任伦理现象，与设计有着紧密关系，也警示

了设计师要以社会责任为出发点，能预见物品设计的未来影响。总之，信息社会出现了新的责任伦理——信息化设计的责任。

二、责任自律：基于设计角色的行为者

美国品德教育联合会主席麦克唐纳（Macdonald）曾说：能力缺乏，可用责任补偿，但责任缺失，就无法补救。2007年，中国工程院院士左铁镛在《学科交叉是工程教育创新的基石》报告中说道：现代工程与设计已进入"社会化"时代，设计的社会后果、是否经济、污染、能源危机等"非工程"效应是工程师未来面临的主要挑战。这句话已经明确谈到设计师与工程师角色的社会责任。

"角色"一词在现实社会的诸多方面都能看见使用，它最先是一个戏剧概念，指化妆后扮演的戏剧人物，后来扩展到其他领域。本书的设计角色基于社会学角度，其意义有两个：一是指设计在社会活动中的角色构成，描述它与诸多其他角色构成社会的基本功能；二是以角色概念说明设计的社会要求。设计责任伴随着设计活动逐渐形成，随着社会发展和分工细化，设计职业形成，设计师在不同领域和岗位上承担起多样的社会角色与职业角色。（详见图4-4）

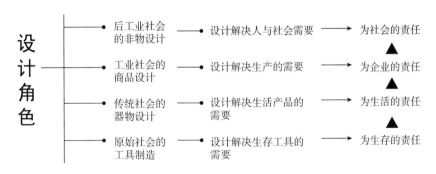

图4-4 设计在不同发展阶段的责任重心

从图4-4可知，从前工业社会到信息社会，设计责任呈扩大和增加趋势，设计社会责任的行为约定是基于它在社会情境中的角色需要。在原始社会，人类面临很大的生存危机，设计行为集中在延伸四肢的工具设计上；传统农耕社会时期，生存技术有了很大改进，人们的活动和需求除了制造工具，更关注生活用品的设计需求，从材质、功能到社会意义都有了提升，不同的物品设计记录和反映了不同地域、民族的生活观念、生活习惯和社会形态；工业社会中，工业化生产是社会最大推动力，机器和生产是一切活动的中心，分工细化，设计独立出来，设计职业形成，设计师专门为生产服务；进入后工业社会，社会环境危机的日益严重和被广泛认识，物质生产的极大满足与社会消费的符号化，设计的意义和价值进一步扩大，设计成为协调人与人、自然、社会关系的中介，设计增加了为社会的责任。

但反观当前设计行为，我们可以明显感受到设计带给我们的诸多困惑，一方面，设计对社会生活的积极干预和负面影响都在扩大，另一方面，设计伦理的制约在弱化，作为社会化的设计，其角色决定了责任自律是设计师必须具有的行为素养。本书中的"自律"并不是一般意义的道德修养，而是指自觉地为大众、社会和生态发展负责的设计意识与设计行为，自律是其承担社会责任的基石。

当然，社会困境不是单靠设计就能解决，设计和设计师只能通过其社会角色赋予的责任与义务介入其中，在后工业社会，设计或是通过物品、服务等积极参与社会问题，在可及的层面上改善社会关系、缓和社会矛盾，肩负起对问题背后的社会、经济、文化的责任；或是通过物品、环境（物质和非物质）设计来提升生活方式与生活内容。正如维克多·巴巴纳克（Victor Papanek）所说：设计的最大作用是为社会变革创新适当的因素。

三、责任他律：基于责任分担的生产者

"他律"指道德标准、法律体系和其他社会规范对个体或群体的约束和控制。设计责任的承担除了设计自身，其外部相关者和社会环境都会起到他律作用，就设计的外部影响看，"他律"主要来自企业和社会规范两类，在社会责任运动推动下，企业社会责任呼声日益高涨，设计作为企业活动中的一个组成部分，也必然受到约束。

"企业要为产品对购买者身体、文化和环境所产生的影响负责。"[①] 当前，从政府、管理者到消费者都逐渐认识到自己应肩负的社会责任，社会学家戴维斯（Davids）认为：企业追逐利益的同时，还应承担促进社会利益的义务。各种国际组织也反复强调社会责任对企业活动的他律和对社会、环境的积极意义，如：

世界银行：社会责任指企业与利益相关者的关系，集合了企业对价值观、人、环境有关的认识和实践，是企业对利益相关者的一种承诺。

欧盟：社会责任指企业在日常经营中主动关切社会和环境及利益相关者的利益。

国际标准化组织：企业运营要对社会和环境负责，将社会利益和可持续要求融入各项活动。

在此影响下，世界著名的大公司都制定与实施了"企业生产守则"，把作为宣言和抽象层面的责任量化为具体指标，与日常经营相联系，从而把社会责任推向具体操作。如英国"道德贸易基本守则"（Ethical Trading Initiative Base Code），欧洲"洁净衣服运动"（Clean Clothes Campaign）发起的"成衣业公平贸易约章"（The Fair Trade Charter for Garments），美国"国际社会责任"组织（Social Accountability International）发起的"社会责任8000认证"。

此外，近年还兴起社会责任投资（SRI）运动，是基于社会责任理念的资本行为，强调经济与社会效益同等重要，用户、社会、环境等在内的利益相关者都应关注社会责任。从产生到现在，社会责任投资得到越来越多的民众支持，英国一份研究显示：95％的英国人愿意优先投资帮助世界的企业。据美国社会投资论坛统计，美国社会责任投资规模从1995年到2007年增幅达324％。英国伦理投资研究机构（Ethical Investment Research Service）的任务就是为生态生产和社会创新提供伦理评估标准。

所以，从企业生产守则运动到社会责任标准ISO26000，从各种社会责任宣言到社会责任投资，都反映了后工业社会责任伦理化的趋势，推动着责任社会的形成。

---

① ［美］蒂姆·布朗著：《IDEO：设计改变一切》，侯婷译，万卷出版公司2011年版，第163页。

四、责任期望：基于设计消费的支持者

消费是社会再生产过程中的重要环节，而消费者是消费的最大影响者，他们在消费环节中的责任意识直接影响到产品或服务的走向。受社会责任运动和信息社会生活模式变迁影响，日益成熟的消费者不再局限于产品层次的需求满足，个人消费的公共后果、环境保护、社会公益、商业伦理等也受到民众关注。20 世纪 70 年代，美国学者韦伯斯特（webster）提出"有社会意识的消费者"，到 90 年代，责任消费研究扩展到各个领域，产生了很多相似概念，如社会意识消费、社会责任消费、道德消费、生态消费等。总体来说，责任消费指消费者购买商品时，除了考虑物品质量，还关心物品生产、使用过程和如何废弃，希望个人消费尽可能减少有害影响，甚至有时会宁愿选择价格偏高、但更有社会责任的产品。

责任消费是一种新消费观形式，它有两层含义：一是指消费者优先选择负责任的产品，购买物品时，除了外观、功能、价格，会考虑产品对社会与环境是否有负面影响，如产品设计、生产、销售等是否做到了环保，企业是否热衷公共事业与环境保护；二是指消费者在产品使用中的责任行为。越来越多的人意识到消费行为是一种"伦理力量"和生活方式选择。

事实上，消费者除了关注个人对环境、社会及道德问题的态度，还掀起了一场"道德消费运动"，要求商业组织承担道德消费的责任，对产品生产和设计责任起到了巨大促进作用。企业在责任消费压力下，也开始积极探索绿色产品和塑造企业负责任形象，从百事公司的沙漠土豆薯片到灾害后的企业捐助，都是商业组织对责任形象的重视。总之，责任消费目的是不因满足基本需要而导致浪费和环境破坏。

目前，关于责任消费的内容并没有一致标准，研究者们各有侧重，而消费群体的责任关注内容也是多种多样，如绿色消费者、节约性消费者、诚信消费者等。表 4-8 是对责任消费内容的一个系统整理，主要集中在以下六个方面：

表 4-8 责任消费内容

内容	责任消费意识	行为表现
利益相关者责任	企业是否履行对利益相关者的社会责任	对社区的责任、慈善责任、对环境的责任、对弱势群体的责任、对员工的责任等
维权与监督	责任监督意识	对虚假产品信息的监督；对售后服务的投诉、索赔；购买产品时索要发票；不购买违法企业的产品等
环境保护	绿色消费意识	不乱丢废旧物品、分类丢弃垃圾；选择节能产品或节约使用资源；使用可降解或再生性产品与包装、重复使用等
适度消费	不过度消费和因循自然的意识	在日常生活中坚持"够用"原则；不为炫耀而购买产品；节俭
情感消费	追求生活质量	看重生活便利和使用愉悦；购买正品，抵制盗版、山寨产品
消费禁忌	消费自觉意识	不购买伤害珍贵动植物为原料的产品

随着责任消费运动的深入，出现了很多细分的责任消费群体，他们的生活方式、原则、观念和行为推动了设计责任的成熟和普及，如下面介绍的乐活族、抠抠族、绿客族等。

◆ 乐活族：也被称为"乐活生活"，特指一群新兴生活方式群体，英语"Lifestyles of Health and Sustainability"，简缩为 LOHAS，意思是以健康及自给自足的形态过生活，核心理念是保持健康、快乐，强调"可持续的生活方式"。比如骑自行车或步行出门，利用二手产品。"乐活"符合后工业社会的生活理念。2008 年，LOHAS 时尚论坛在宁波举办，并发布《青年"乐活"主张》。一般来说，"乐活者"多是受过良好教育的消费者，他们喜欢负责任购买，追求健康与可持续。现在"乐活"已由一个时尚名词变成健康、公正、发展和可持续生活形态。

◆ 抠抠族：按照网络解释，指"一分钱掰两半花"。这一群体强调节俭生活，以"抠"提名，如少打车、自己做家务、多爬楼梯、早睡早起、家里宴客等。总之，其宗旨是物尽其用，既省钱又时尚，精打细算地过好有品质生活。事实上，都市里的"抠抠族"都是年轻一代，收入也不低，只是以"抠门"作为一种新节俭主张。在这群人的概念里，强调科学理财，不奢华、低碳、环保，积极的生活态度最重要，也是后工业社会的一种责任消费形式。

乐活族与抠抠族的区别特征如下：（详见表4-9）。

表 4-9　乐活族与抠抠族特征

	宣言	行为准则	特征（标签）	喜欢
乐活族	个人消费推动环境可持续发展	降低欲望，减少浮躁行动，体验慢生活、简单和悠闲生活的价值与趣味	可持续、有机食品；传统医疗、个人成长、生态生活	健康食品、二手用品、环保家居、生态旅游等；坚持轻慢运动、少用空调和塑料袋；不抽烟；支持社会慈善事业，积极参加公益活动，义工，支教等；减少垃圾，垃圾分类；亲近自然，注重自我，关怀他人，分享乐活；
抠抠族	摒弃过度消费、物尽其用	不打的、不剩饭；坚持自己做家务；多爬楼梯	折扣券；爱"拼"；洞察力非凡	自助游；网上购物；物尽其用；攒折扣券

第三节　设计责任的实现

就设计责任来说，最基本内容有三个方面：责任概念的研究、是否应负责任及设计责任的领域或内容。在此基础上，再进一步就是如何实现责任的问题，即责任应用，其关键词有"责任意识""责任情境与体验""责任感及责任行为"，本节就这几点展开论述。

一、设计的责任意识

（一）合乎责任还是出于责任

责任普遍存在于现实社会与日常生活中，有着多样性和复杂性，责任意识和社会现实对责任实施至关重要。所谓责任意识，指自觉履行责任的心理特征。影响责任意识的因素有社会背景、责任适用条件、责任判断过程三方面。理解责任意识，首先要分清"合乎"与"出于"的区别，这里借用康德（Kant）"合乎责任"和"出于责任"的解释，前者是被动遵循客观法则，以结果来衡量事情，责任是达到目的的手段；后者是积极主动状态，以动机为标准，把责任本身当作目的，更接近责任意识要求。康德以商人"童叟无欺"为例，认为此行为只是"合乎责任"要求，因为商人以赢利、利己为目的。

从责任定义来看，"合乎责任"是应做之事，是一种责任认知，有强制性意味，具有客观性，比如设计为人服务、环保设计、设计安全等都是此类；"出于责任"是分内之事，指一种责任情感，需要自觉性，如设计为特殊人群考虑、无障碍设计等。

在设计责任领域，合乎责任的行为相对容易识别，因为多数是职业、工作或欲望的推动，是设计应该做到的内容，只表明了设计过程中受法律法规、制度条例、社会要求的规定，是一种被动接受的责任；而出于责任是一种有意识地对伦理敬重，是主动承担设计责任，能够将事情做得更好。

基于以上认识，设计责任可分为"合乎客观"的设计责任要求和"出于主观"的设计责任意识，以便区分设计责任的内容和行为准则。在后工业社会，设计应该将自我责任与社会责任有机结合，设计行为如果仅以结果是否合乎责任为依据，很难保证设计的正确性，很容易陷入片面的责任行动中，或者仅要求自我责任，也很难保证责任的实现。

现实中的设计实践已经充分证明"合乎"与"出于"的效果差异，以20世纪80年代开始的绿色设计为例，其核心是"3R"（Reduce、Recycle、Reuse），即要求减少物质和能源消耗、减少有害物质排放，产品及零部件方便回收，再循环或重新利用，这只是要求设计合乎生产过程的社会责任。但不容忽视的事实是，仅以设计结果约束责任并不完整，人们为实现

"绿色"付出了更高的技术成本和能源消耗。

多年来，太阳能一直被认为是绿色环保的新能源，从表面上看，设计中选择太阳能合乎绿色设计责任，但太阳能产品生产和材料处理都会产生污染，其生产过程中的副产品（四氯化硅）是高毒物质，掩埋在地下使土地成为不毛之地，废弃的太阳能蓄电池也很难处理。

所以，到 21 世纪初期，绿色设计演变为生态设计，再后来发展为可持续设计，生态设计是以设计师、消费者的自然关怀为前提，从产品生产的整个生命周期关注社会责任。可持续设计是以人们对未来的关心为出发点，从生态、社会、文化等广义层面关注社会发展的责任，这三个阶段的变化也是设计责任从"合乎绿色责任"到"出于责任关怀"的转变。

（二）责任分散效应

20 世纪 60 年代，美国心理学家约翰·达利（John Darley）和比伯·拉坦纳（Bibb Latane）曾做过一个著名的逃生实验：他们邀请了一些志愿者谎称做小测试，并告诉志愿者由于涉及私人秘密，会分别在不同的房间进行，实验者与志愿者仅通过对讲机沟通，然后对讲机中突然有一个人假装生病，生命可能出现危险。实验结果是：当受试者认为除发病者外，他们自己是唯一参与实验和听到声音者时，85% 的人会迅速离开房间去帮助生病者；但改变实验环境，使受试者知道还有另外的人一块参与实验时，只有 31% 的人会迅速离开房间准备帮助病人，受试者都会猜测其他人可能去照顾病人。

通过这个实验产生的结论是：当有人需要帮助时，在场的人越多，反而发生助人行为的机率更小，这就是心理学中著名的"责任分散效应"，又称"旁观者效应"。

此后，心理学家还做了很多类似实验，如德国心理学家林格曼（Ringelmann）的拔河实验：当拔河人数逐渐增加时，并没有出现力量累加，反而每个人使用的力量减少。通过众多实验，社会心理学家认为"集体冷漠"不仅仅是道德沦丧问题，还与责任分散有关，人多时，责任会被分散。其实，中国也有一句俗语"一个和尚挑水吃，两个和尚抬水吃，三个和尚没水吃"，实质也是说的责任分散效应，当一个人面对问题时，他责无旁贷，否则，会在内心产生强烈内疚，但如果有两个人或更多人，人们会以别人为参照来做决断，责任就会分散到每个人，出现责不罚众心理。

现实生活中，从重大事故到日常生活问题的出现，常常与责任缺失有着关系。近年来，社会媒介对责任问题报道很多，一方面痛心道德滑坡，另一方面，也是责任扩散，人们产生等待、观望、攀比和互相推诿，弱化了责任动机。"责任分散效应"对设计责任研究很有启示，因为设计责任问题不是仅靠设计师解决，需要建立在利益相关者都愿承担责任的基础上。当然，若设计师逃避责任意识，仅仅希望于"雇主"或"集体"解决设计责任，最终也不会实现责任期望，这样的群体终将成为社会学家古斯塔夫·勒庞（Gustave Le Bon）笔下的"乌合之众①"。

设计师了解了"责任分散效应"后，可以通过有责任感的设计帮助引导社会秩序，解决日常生活中的小问题。如公共站台导向设计的好坏就能对乘车秩序起到积极或消极影响，在公共汽车站只有两三个人等车时，会比较有次序的排队上车，而且相互间不会很紧密的挤在一起，这既是习惯性保持距离的心理行为，也是有礼貌、有秩序的社会伦理意识，因为此时争抢位子会付出很大的道德内疚感，远远超出心里底线。如图4-5（a）

图4-5（a）（b）（c） 责任分散效应在等车中的表现

① 古斯塔夫·勒庞对集体心态的一个词语描述，他认为个人一旦融入群体，个性便会被湮没，群体思想开始占据绝对统治，而同时，群体行为又经常会表现出排异、极端化、情绪化及低智商化等特点，进而对社会产生破坏性的影响。

但等车的人很多时，即使两人互不相识，受利益驱使，为了确保自己最靠近车的位置，人与人之间的距离就会很近，去争抢不多的座位，因为此时很多人都在向前拥挤，责任伦理分散到了每一个人身上，个人心里的内疚被分散到了可以接受的底线，这或许就是伦理观所决定的距离。如图4-5（b）当然，如果通过公共设施的导向设计，帮助规范乘客行为，对遵守社会责任伦理进行明显提示，如设置隔栏分割车的停站位置、地面划好上下车排队站立线等，就能起到相对较好的引导作用。如图4-5（c）

三、应用情境：设计责任的体验

（一）设计的责任情境

社会学家米契尔（Mitchell）认为情境包括了参与者人格特征、情感体验、行为期待等内容；考夫卡（Koffka）认为情境是个体对客观环境的心理化；勒温（Lewin）提出情境"生活空间"，认为情境包括感知到的物质环境、感情和目的等。责任情境也不例外，它存在于客观物质环境和社会关系（社会结构、社会特征和行为）中。

在当前责任研究领域，常见的责任情境主要有典型事件、虚拟事件和人为设定三种模式，所谓典型事件指具有较大影响，并存在争议的事件；虚拟事件指为了体验某一责任而假设的情境事件；人为设定指为了研究责任而设定的具体真实情境。对设计责任来说，这三种情境模式指向明确，便于分析，但也有缺点，即三类方法的责任判断是基于社会公认的价值观，很容易导致结果"一致性偏见"，并不能完全反映设计现实，缺乏具体的社会文化与日常生活体验。

所以，设计责任情境的构成应有三个维度：社会维度、利益维度和现实维度。在后工业社会里，这三个维度的变化影响着设计责任实现。

首先，社会维度从"差序关系"走向"团体关系"。"差序关系"指社会关系由个体间联系构成，并以个人为中心向外扩散，就像扔石子到水面上引起的一圈圈波纹，每个人都是以自己为中心向外形成社会影响圈，越往圈子外，联系和影响越弱。"差序关系"在其他专业领域也存在，工业社会的设计就是这种责任情境，设计主要立足于为企业服务，具有浓厚的实用色彩，仅仅围绕企业利益向外扩散影响，遵循"设计服从市场和生产"的中心原则，是刺激消费、增加生产、使企业获利的策略和手段。

与"差序关系"相反，后工业社会出现另一种关系，即"团体关系"，指社会关系以个体为基本单位构成团体，团体内的人平等交往，以共同目标为前提而结合在一起，个体在团体内承担相应责任与义务。后工业社会是协作化社会，以大众创新、开放创新为特点，环境破坏、技术风险、经济危机和贫困等问题需要协作解决，后工业设计将创造思维和设计方法广泛应用到零售服务、健康、银行、信息交流等社会组织、公益活动和商业活动中。设计责任情境从工业社会的"差序关系"走向"团体关系"，特别是社会危机的加重，设计被作为解决社会困难的一种方式和手段，如何协调设计在合作与组织中的作用、设计如何承担社会责任，都需要从团体关系来分析和研究，这是设计的责任情境之一。

如今的设计已成为一个具有相对独立性的创新过程，直接面向为商业、组织和社会而设计。"设计师"概念不再是一个人，而是与众多学科组成的团队合作，设计是其中不可缺少的一部分。此外，设计范畴也由过去集中为生产企业服务扩大到社会诸多领域，设计正由专业设计师的工作向更广泛的用户参与变化。

其次，关系维度从"义""利"走向"公"。在具体实践情境中，设计活动受到"义"和"利"影响，代表着不同的责任判断标准，"义"是伦理范畴，指公正、合理而应当做；"利"指利益、好处。毋庸置疑，作为与人们生活方式相关的设计具有伦理要求，在传统社会里，"仁""礼""节用"等伦理思想都对设计起着指导作用。到工业社会后，卢斯（Luce）的《装饰与罪恶》，约翰·拉斯金（John Ruskin）、莫里斯（Maurice）等对人与产品的关系思考，维克多·巴巴纳克的设计社会责任等，都是强调设计伦理追求。同时，设计是在市场竞争中独立出来的职业，是追逐利益价值的重要手段，建立了企业与市场的桥梁，主要任务就是创造需求，帮助企业将生产和技术转化为适合市场需求的产品以获得利益，所以，英国前首相撒切尔夫人言道："可以没有政府，但不能没有工业设计"。这些反映了设计的"义""利"责任内涵。

进入后工业社会，设计的社会属性和社会价值被突出，设计责任情境在"义"与"利"的争论中转向"公"，所谓"公"指公共利益，设计涉入越来越多的公共生活，设计由产品设计的硬件内容扩展到公共利益、企业责任等抽象内容，被赋予改造、认识、交流、教育、愉悦和感染的社会功能。从区域规划、城市建设、市政设计、公共建筑与设施、新闻媒介到社区问题、社会犯罪等等，都能找到设计的身影。图 4-6 反应了差序关系到团体关系的转化。

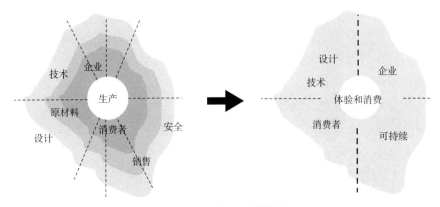

图 4-6 差序关系到团体关系

设计活动在今天已成为社会公共活动的重要参与者，在协助政府促进社会良性发展、提高文明程度、满足物质与精神需求方面日益发挥着重要作用。20 世纪 60 年代开始的为第三世界设计、为健康、饮水、教育、能源和交通等社会需求设计、为解决贫富差距设计、为可持续发展设计等都是设计对公共利益的介入，后工业社会的设计研究者们也深信设计的这一情境维度，依兹欧·曼兹曾在一期《设计论丛》上谈道："今天所发生的实际上是一场结构危机，全球发展的模式才真正是我们值得讨论的问题。"[①]这句话正说明了设计的公共视野。

再者，情境的现实与虚拟维度。从工业社会到信息社会的最大变化是信息技术推动了一个基于服务或非物品的社会形态，由此导致设计、生产、服务、消费等方式的变化，加上网络虚拟对现实社会的割裂、新的人机关系等，造成了人与人、人与社会虚拟局面，设计从传统道德约束转向责任伦理的过程中，面临现实与虚拟两个维度的责任要求。

一方面，物质生产活动仍然是后工业社会的存在基础，物质产品的设计责任继续存在，人性化设计原则（如产品人机关系、对弱势群体的关怀等）、可持续发展原则仍是设计的基本责任原则，后工业社会需要以物

---

① ［美］维克多·马格林著：《人造世界的策略：设计与设计研究论文集》，金晓雯译，江苏美术出版社 2009 年版，第 98 页。

品设计来提高人类生活和工作质量，为残疾人提供帮助，关注生态危机等现实责任问题。另一方面，信息技术的日常生活化，出现了很多虚拟现实的责任问题，如人对信息产品的严重依赖（主要是对信息的依赖），长时间使用信息产品的辐射危险，信息产品对人的孤立和导致人与人之间的疏远，人在信息中娱乐与现实中封闭，无障碍信息使用等等，这些是信息虚拟带来的社会责任，需要非物层面的设计。如 HPR 设计的一种"会说话"浏览器，它以语音方式帮助盲人和弱视者有机会使用网络，通过朗读网上内容，自由调整字体、颜色及其他特殊使用，配合简单易学的语音键盘，帮助视觉障碍者享受信息生活。因此，信息社会里的设计责任情境是现实与虚拟交叉，设计责任随情境而有差异。（图 4-7）

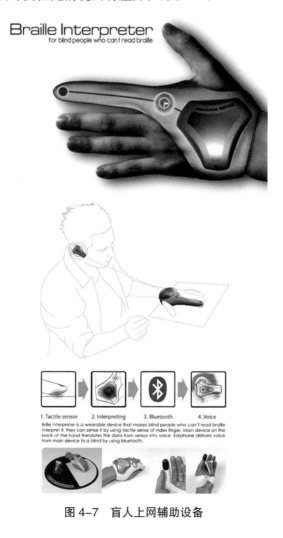

图 4-7　盲人上网辅助设备

（二）设计的责任情感

责任情感也称责任感，"指对完成任务、履行责任保持积极主动态度的情感。"① 从心理学角度看，是"指对责任行为及其结果是否符合价值取向而产生的一种内心体验"②。日常生活中的责任感侧重于与责任承担和行为后果相关的情感成分，责任情感有正向和负向两类：正向情感是一种积极的内心体验，如爱与友谊、快乐与满足、价值感、成就感；负向情感是一种消极体验，如焦虑、内疚感、罪责感、生气等。从设计角度看，设计的责任情感有产品责任情感和设计师责任情感。

首先，物品能给人多样的责任情感，从原始时期为生存的石块设计到信息社会丰富的电子产品设计，都是为了满足人们多样性、多层次的需求。今天，物品由"工具"向"生活角色"转变，角色化的设计被赋予了责任和义务，根据唐纳德·A·诺曼在《情感化设计》中观点，产品也能表现出情绪因素，满足了三个层次上的责任关怀：本能、行为和反思。实际上，这三个层次表现了不同的责任情感，本能层是物品属性的承担，承载了基本功能上的责任；行为层关注用户使用过程及范围，承载了人机交流的责任；反思层是物品体验，承载了人－物－环境的社会责任。这里，笔者把物品给人的三个层次情感与人的需求相对应，区分了物品具有的三种责任情感。对人的需求研究，影响最广的是马斯洛需求层次理论，后来，耶鲁大学克雷顿·奥尔德弗（Clayton.Alderfer）对此进一步改进，提出 ERG 理论：生存（existence）、关系（relatedness）、发展（growth）三个层次需要，当物品在这三方面逐渐满足时，就能对人有激励作用，帮助人们实现自我。

从物品的本能层责任来说，指物品形态在安全感、满意感等方面传达出来的积极情感，能迅速表现出好或坏、安全或危险的判断，是物品对人的生理关护责任，主要基于造型、色彩、材质等方面；行为层责任是指消费者与产品的互动过程中，物品对使用者行为结果的实现，带给使用者效率和乐趣，主要体现在"快捷"和"便利"上，如无障碍交通信号灯设计，视力障碍者只需轻按信号杆上按钮，信号灯很快变绿，并发出低声贝警报声，为视力和行动不方便者提供便捷的过马路方式；反思层责任是用

---

① 张积家：《试论责任心的心理结构》，《教育研究与实验》1998 年第 4 期，第 44 页。
② 况志华等主编：《责任心理学》，上海教育出版社 2008 年版，第 121 页。

户与物品互动过程中所产生的意识、理解、经历、文化等各种感受，如物品对环境的正面影响，特殊人群设计带来的平等感等。（图 4-8）

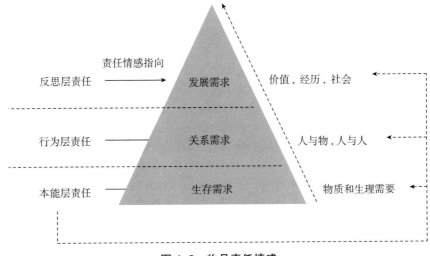

图 4-8　物品责任情感

其次，设计师的责任情感主要表现为商业道德感和社会责任感。商业道德感指设计道德感规范在具体商业情景和活动中的应用，包括设计师如何在市场竞争中自我约束，设计师的工作态度，以及对好设计的理解和认知，使设计对社会发展产生积极作用和正面引导人们生活。社会责任感指设计过程中对自然和人类发展的责任意识，如设计中尽量使用环保材料、考虑物品使用对可持续发展的影响等。后工业社会里，设计师是一个解决生活问题的社会角色，应主要具有三类社会责任情感，即对最广大人群的责任、全球化的责任、可持续发展的责任。

一是设计师对最广大人群的责任。设计应为大多数人着想，从工业时代的民主设计到后工业社会为最广大人群设计体现了责任的渐进过程。民主设计指为广大老百姓设计，多数情况下指有正常消费需要的普通人群，进入后工业社会，维克多·巴巴纳克进一步扩大责任原则，提出设计不仅为发达国家和健康人服务，还要为发展中国家和弱势人群服务。现在，这个原则应再次调整为：设计不仅为发展中国家和弱势人服务，还应考虑为特殊环境的人群和信息边缘的人群设计。

特殊环境人群主要指受灾害影响的人们，随着环境危机加重，各种灾害越来越频繁，地震、水灾、飓风、干旱、泥石流、山洪等自然灾害和煤矿爆炸等人为灾害时有发生，对当前人们构成极大威胁，面对日益增多的自然灾害和突发危险，普通人们需要大量应急物品设计，据有关统计，自然灾害中的一部分受伤者并不是外力伤害，而是没有合适的救助产品，这些是后工业社会设计师应该重点关注的责任。图4-9（a）（b）是设计师Son Kijo等人设计的网状磁力救生圈，专为应对海难危险而设计的救急产品，救生圈带有磁力，靠近时可以吸附在一起，形成一个集群，增加幸存者彼此的士气和生存机会。另外，救生圈还带有GPS系统和自发光系统，能自动搜索附近的救生圈及帮助定位，当越多的救生圈聚在一起时，发光还会增强，方便搜救人员找到，增大了获救可能性。和普通救生圈相比，这样的救生圈更具海难针对性，更适合危险中的特殊人群需要。这就是当前"为最广大人群设计"的新内容。

二是全球化的设计责任。"全球化"指人们在全球范围的联系越来越紧密及全球意识的形成。自20世纪末到21世纪初，全球化趋势迅猛发展，引起广泛重视和争论，它既带来了贸易便捷、技术流动、经济互惠，也引起很多负面问题，如贫富差距扩大、文化多样性减少、文明价值观冲突等。设计也不例外，从可乐到汽车、服装到家居，设计全球化现象几乎无所不包地渗透在生活层面。很多人认为全球化设计的商业性和繁荣破坏了文化多样性，带来文明毁坏及价值观冲突，世界品牌的诞生更是促进了产品设计与生活内容的标准化和全球性，区域社会间、国家间的差别似乎越来越小。

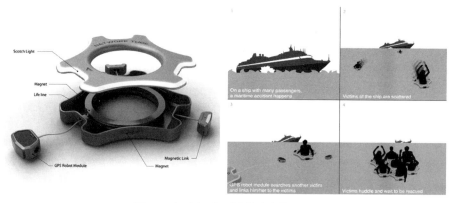

图4-9（a）（b） 网状磁力救生圈

三是可持续发展的责任。这是设计在 21 世纪最重要的社会责任之一。可持续发展观念已经深入人心，各个专业领域都在寻找生态危机（如水污染、温室效应、人口膨胀、能源浪费、生产过度等）的缓解办法，设计在环保、节能、保护生态方面可以起到积极作用，这需要设计师从承担责任开始。目前，可持续设计正在迅速开展，从视觉设计、工业设计到环境设计等各个领域都在探索可持续设计方式，如可持续材料的选择和使用、产品耐久性设计、再循环设计等。因为这一责任已在前面有过专门论述，这里不再过多阐述。

（三）设计的责任行为

责任行为指履行责任的反应和活动，表现为遵守社会行为规范或不遵守规范两种，责任行为是责任实现的关键，设计的责任行为指设计在特定事件的产生、过程及结果中造成了直接或间接影响的行为表现，对设计责任行为可以从行为目标和行为反应两方面理解。

从行为目标来看，设计肩负两类责任，一是设计的功能责任，如产品设计的实用性、造型美观等；二是设计的伦理责任，即为人的生存、生活服务，帮助实现人的情感、生活方式和期望，以产品是否符合时代发展要求，符合社会伦理标准为评判。行为反应是设计责任的外在表现，根据设计的实践结果，其责任反应表现为四种类型，分别为责任履行、责任转嫁、责任放弃、责任拒绝。

责任履行：指设计对自身责任的正面认识和积极反应，设计责任的履行能帮助避免危险事情发生，真正改善和服务人们的日常生活需要，帮助解决环境问题与社会问题。法国著名设计师菲利普·斯塔克曾说道：设计师要思考产品是否应该生产，他们能够采取拒绝态度，不为资金不明的项目、有害健康的项目（烟酒）等服务。这句话表明了斯塔克作为设计师的责任态度和行为反应。

设计责任履行既包括设计过程中承担责任，也包括事后对责任问题的承认和补救。从实际结果看，事后承担责任是消极履行责任，无法弥补损失。如 2010 年，美国儿童车生产商葛莱（GRACO）宣布召回 200 万辆婴儿车，理由是设计缺陷导致事故频发，已造成 4 名婴儿窒息、5 名被割伤、1 名婴儿呼吸困难的投诉。婴儿车是现代人照顾宝宝的必需品之一，由于年龄幼小，婴儿自我保护能力很弱，如果设计考虑不全面，很容易造成安全事故，这款婴儿车在手推车托板与座位之间的出口处存在设计疏忽，婴儿的头和脖子可能被卡住，1岁以下的婴儿还很容易滑入座椅下的夹层。（图4-10）

图4-10　葛莱婴儿车设计缺陷

最近几年，社会上时常出现设计责任的事后履行问题。再如2012年，强生制药公司宣布召回婴幼儿泰诺口服液，原因是瓶盖设计存在使用危险，本来这是强生为两岁以下婴儿专门设计的一种保护性瓶盖，以便准确用药，但消费者向瓶盖插入吸管使用时，容易把瓶盖推入瓶体，反而造成使用困难。所以，事前开始履行设计责任是最合理的承担方式，事后承担只是一种挽回和被动行为。如图4-11（a）（b）

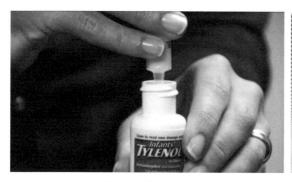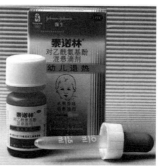

图4-11（a）（b）　强生婴儿口服液瓶盖设计缺陷

责任转嫁：指将设计应承担的责任转嫁给使用者，一般是企业出于某种目的和利益需要，把设计可以解决的问题复杂化，使消费者无法理解，也无法向企业追究责任，最终还误以为自己相关知识不够，自我责备，自己承担问题。以目前的产品说明书为例，随着电子产品普及，产品功能逐渐复杂化、智能化，普通消费者若没有说明书指导，很容易产生使用困难，或无法享受产品全部功能，最终，直到产品废旧时，消费者也只使用了极少部分功能，造成资源浪费。事实上，很多消费者抱怨看不懂产品说明书。本来，产品说明书应是简洁明了地将产品功能、如何使用、安全注意、售后服务等向消费者告知，但企业为了逃避责任，就事无巨细、不分主次地在说明书上罗列一堆解释，使说明书成了看不懂、也不想让人看懂的免责书，责任被转嫁到消费者身上。如表4–10

表4–10   责任转嫁：产品说明书问题

消费者抱怨	说明书问题	说明书设计
A：有的说明书根本看不懂，只好不看	语言晦涩难懂，专业性太强，不利于普通消费者阅读；	内容设计的人性化，语言规范，容易理解； 应有详细的技术说明； 不应故意设置障碍剥夺消费者索赔权
B：说明书内容粗糙，感觉是个形式，而且说明书式样简单，买回来没几天，就忘记放在哪了	内容简单，没起到说明书作用； 缺少环保意识，特别是产品废弃时建议消费者如何处理	
C：希望说明书配图多些，容易看懂		

责任放弃：指设计面对责任困境表现出来的视而不见、无所作为的态度和方式。以房地产广告设计为例，（图4–12）在履行为企业服务的商业责任时，放弃了设计应具有的社会责任，忽略了它间接产生的社会影响和价值偏差，为了刺激消费者购房，各种低俗、不负责任的广告设计铺天盖地。如图4–12（a）广告语中暗示了没房似乎不能娶老婆，无形中起到了过于物质化的道德偏离，其实，设计还有很多好形式能达到同样效果。

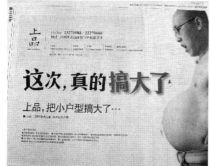 

图4-12（a）（b）（c） 不负责任的房地产广告设计

责任拒绝：指对设计产生的问题或可能产生的问题采取否认态度，这是一种不愿承担责任的表现，而且，责任拒绝者还会从其他方面寻找原因和理由否认自己的责任。如2007年9月12日《华盛顿邮报》商业版上刊登了一篇评论："玩具担忧的对象是不是搞错了"，这篇文章对2007年玩具召回事件进行了分析，批评美国玩具商否认产品设计缺陷，反而把产品问题归咎到中国制造商身上，企图以此作为焦点，掩盖自己的责任。事实上，根据美国马尼托巴大学商学院对近几年玩具召回事件的调查，认为80%的召回产品是设计问题，研究统计了美泰玩具2007年召回的1577万件玩具，发现只有227万玩具因含铅超标不合格，其余都是小磁铁使用设计问题，（图4-13）同年，Hasbro也收回了100万件玩具，原因是玩具烤箱门容易夹伤儿童，而这些企业对设计责任的不承认，只会使后续产品继续存在同样问题，这是最不应该的责任行为。

再如山寨设计也是一种责任拒绝态度，设计师以"拿来主义"方式创新产品，不仅抑制了设计创新，还冲击了品牌企业的产品市场，随便修改设计结构，存在严重的产品安全隐患，是不可持续的设计发展，最终形成恶性循环。此外，山寨设计还影响知识产权保护，形成低俗亚文化。如图 4-14（a）（b）

图 4-13　美泰玩具小磁铁设计问题

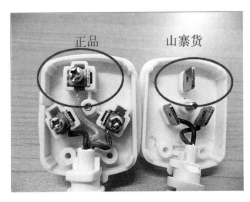  

图 4-14（a）（b）　山寨设计的缺陷

三、设计责任的日常生活维度

（一）日常生活的关注

日常生活指人的日常消费活动、交往活动及生活观念，它既是衣、食、住、行、邻里关系、生存环境等物质文化，也是生活方式和期望，与个人生存息息相关。列斐伏尔（Lefebvre）认为"经济基础和上层建筑都是通过日常生活实现"。日常生活构成个人依存和社会整体的基础，赫勒（Heller）在《日常生活》中说道："一般生活以日常生活为基础。"[1] 20 世纪

① ［匈］阿格妮丝·赫勒著：《日常生活》，衣俊卿译，重庆出版社 1990 年版，第 287 页。

中期，技术理性造成日常生活异化，面对技术带来的危机，西方社会开始反思自身，主张进行"日常生活"角度的研究，"日常生活"成为社会研究的一种新视角。

自后工业社会以来，日常生活发生了巨大改变，成为哲学、社会学、文化、设计等领域的关注焦点，从胡塞尔（Husserl）"生活世界"，维特根斯坦（Wittgenstein）"日常语言"，海德格尔（Heidegger）"日常共在"到赫勒（Heller）和科西克（kosik）"日常生活实践"及列菲伏尔（Lefebvre）"日常生活批判"，这些奠定了日常生活研究的新维度。设计责任研究主要关注现实生活中充满争议，与道德实践相关的日常生活，贯穿于衣、食、住、行，小到纽扣，大到家具、住宅、信息产品及汽车、飞机等，文丘里（Venturi）的"建筑师要同群众对话"、史密森夫妇（Alison and Peter Smithson）的"回归现实"、雅格布森（Jakobsson）的"日常生活设计"等都在不同程度上对日常生活进行了尝试。

在后工业社会，日常生活的主要内容呈现消费化与信息化特征。消费渗透在生活各个方面，与传统社会的节约性消费和工业社会的积累性消费不同，后工业社会消费变得日常化、符号化。在鲍德里亚（Baudrillard）看来，人们的日常生活已被商品包围，消费代表日常生活的核心内容，他在《消费社会》中说道："消费地点就是日常生。"[1] 所以，芭芭拉·克鲁格（Barbara Kruger）发出"我买故我在"的言论，将生活哲学理解为购物即存在，似乎日常生活中的一切都成为消费。

随着消费深入到生活每个环节，消费的合理性问题日益显现，消费从手段变为了目的，从满足人的需要变成了满足心理欲望，鲍德里亚称这为"虚假需求"，带来了社会异化与人的异化危险，人们对消费欲望的无限追求，使得自己被物控制，生活内容俨然是不断地更新和占有更多更好的商品。消费成为符号价值的追求，物品与社会地位和个人身份相连，个体生活在一个非自主的社会里，导致单向度社会和单向度人的形成，也导致资源浪费和环境污染危机的加深。

此外，日常生活信息化方式为人们提供了无限多样与便捷的信息，每个人的生活被包围在"信息海洋"中，不断创新的数字化消费和产品构成

---

① ［法］让·波德里亚著：《消费社会》，刘成富译，南京大学出版社 2006 年版，第 1 页。

了日常生活的主要内容，使人们习惯性地依赖信息生活，生活信息化既是社会进步的表现，也带来诸多关于生活合理性的讨论。一方面，消费异化现象在信息产品和内容上仍然存在，由于信息获取以物质产品为载体，为了更好地享有信息，就需要不断地更换数字载体，如功能更多的手机、MP5，性能更好的计算机、音箱等，信息在生活里的炫耀性消费与欲望消费问题依然突出。埃里希·弗洛姆（Erich Fromm）感叹道："消费本意应是给人幸福满足的生活，但现在消费却成了目的，迫使我们不断努力和依赖于满足消费的人和机构。"①

日常生活的信息化还给生活带来沉重负担，如信息焦虑和信息恐惧，使人们习惯了浅层认知方式，只喜欢占有信息，并不认真理解信息，人成为"信息浏览人"，以阅读为例，数字化使得传统纸质阅读转向电子阅读，便捷的书籍占有反而让人们不愿花费时间静下来认真阅读，导致阅读危机的产生，图像信息大受欢迎，"读图时代"的到来，减少了生活中的读写机会，导致人的读写能力退化。总之，海量的信息内容、便捷的获取形式、多样的信息选择使人们的日常生活仅停留在表面，信息似乎有使人的日常生活单一化甚至空虚的可能。

所以，合理性反思是后工业社会日常生活的责任取向，看似琐碎、重复的日常生活却是人类社会最深刻的活动场所，是各种社会关系和生产活动得以萌生与发展的基础，责任就广泛充斥在这样的日常生活中，责任以日常生活为维度，是最实际、最真实的对象和方式，也是设计责任最根本的现实基础。

（二）设计的日常生活化

设计在生活中展开，建构了日常生活的一切，设计目的就是为人们创造合理生活，通过物品设计满足基本需要，并体现人们个性化的生活态度和行为，进而产生积极或消极影响。设计的发展也反过来受到日常生活审美化与消费文化的影响，表现出日常化趋势。

首先，日常生活审美化的影响。"日常生活审美化"是英国人迈克·费瑟斯通（Mike Featherstone）提出的，后来在《消费文化与后现代主义》一书中作了详细解释。他从三个层面概述了这一现象：一是艺术的日

---

① ［美］埃里希·弗罗姆著：《健全的社会》，孙恺详译，贵州人民出版社 1994 年版，第 106 页。

常生活化，生活中的普通物品成为艺术关注对象，如杜尚作品"小便池"直接买自商店；二是日常生活的审美化，生活物品不仅提供功能，还满足情感需求；三是日常生活的符号化和图像化。丹尼尔·贝尔在《后工业社会》中也认为这是后工业社会出现的一个生活现象。尼尔·波兹曼（Neil Postman）在《娱乐至死》中说道："审美娱乐是当代大众的日常生活。"德国学者沃尔夫冈·韦尔施（Wolfgang Welsch）感叹道："当前正经历一场美学勃兴，从个人、城市、经济延伸到理论，现实也整体地视为一种美学建构。"①

"日常生活审美化"建立在技术发展和消费主义的基础上，随着消费变成生活理由，消费者对物品要求越来越高，并以物品消费划分价值观和社会意义。从这个层面上看，消费实现了日常生活的审美化，如家具、电子产品、娱乐及计算机、汽车等都充分显现出这种趋势。同时，信息技术的迅速发展，使日常生活有了更多的表现形式，帮助加快日常生活的审美化过程。当然，日常生活的审美化也有负面影响，正如上一节所述，日常生活审美化使人们在精致生活中迷失自我，只重视感官享受和刺激，缺乏社会责任感，消费被设定为生活的合法底线和社会普遍原则。

其次，设计日常化。在后工业社会里，设计是日常生活审美化与消费文化的实现途径，为日常生活的审美显现提供了可能，设计参与了从家庭到工作、从生活到娱乐的日常审美化。如格雷夫斯（Graves）的不锈钢自鸣式烧水壶、索特萨斯（Sottsass）的 Carlton 书架、菲利浦·斯塔克（Philippe Starck）的外星人榨汁机等，都是一种生活审美化设计，日常生活也因为这些设计焕发出新的魅力，从这个层面上说，费瑟斯通的生活审美化概念疏漏了设计对普通物品和环境的审美表现。

后工业社会的生活环境有一个重要特征——设计性，从"生产物品"转到"设计物品"，人们生活中的各种物品和服务都经过专门设计，随着消费日常生活化，也造成设计在社会再生产过程中的普及。相比于传统社会的理性消费，后工业社会是购买消费、娱乐消费、休闲享乐的"日常生活型"社会。2007 年，当 iPhone 手机被《时代》选为最佳发明时，评论就指出：虽然它有不少技术缺陷，但乔布斯（Jobs）证明了苹果设计

---

① ［德］沃尔夫冈·韦尔施著：《重构美学》，陆扬等译，上海译文出版社 2002 年版，第 4 页。

已深入人心。旧金山"Newdeal Design"公司创始人阿米特（Amit）说："Apple 产品证实了情感设计是有用的利益模式。"①此外，日常生活中美的显现，还指信息生活中出现的视觉的、数字的、符号的设计，生活中物的实用价值慢慢消退，物的符号价值变得强大。我们每天都会关注新的时尚物品，甚至希望按钮、门把、钥匙等也能折射出自己的生活态度和审美情趣。

当设计日常化并具有社会意义时，设计师的道德标准和批判意识就需要从日常角度展开。设计师原研哉的"re-design"观念及其在世界各地推行的"二十一世纪日常用品再设计"展，就是从日常生活内容进行设计改造，对日常设计的责任思考和实践，如卷筒纸、火柴、香烟盒和小茶袋的再设计等，习以为常的日常用品在设计改造下变得充满生活乐趣和责任关怀。图 4-15 是坂茂设计的四角卫生卷纸，人们坐在马桶上抽取时，可以听见其发出的"喀哒"声，虽然抽取时需要多用点力气，但好处也在于这股阻力，因为日常卫生纸是圆形，有时即使轻轻一拉，很容易滑顺的抽下多张纸，设计师通过有意设计一点阻力，减少了用力过猛的抽取问题，防止一下子拉出太多纸，还用滚动的声音提醒节约意识。另外，四角卫生卷纸方便堆放，可以减少卷纸搁放的间隙，节省空间和便于运输，降低成本。这个案例正是设计日常化的责任思考，后工业时代的设计应是来源于生活，并应用于生活。

图 4-15（a）（b） 四角卫生卷纸设计

---

① 李健：《工业设计也是一种有效的商业模式》，《电子产品世界》2011 年第 3 期，第 58 页。

第五章　后工业社会的设计责任特征

美国作家托马斯·弗里德曼（Thomas L. Friedman）根据技术影响力把全球化分为三个版本，从 1492 到 1800 年的 1.0 版得益于国家实力和风力船；从 1800 到 2000 年的 2.0 版得益于跨国企业和铁路、蒸汽及初期信息技术（电话、电报、简易计算机）；2000 年开始的 3.0 版得益于个人和逐渐成熟的信息技术（网络、智能技术）。在 3.0 版时代（21 世纪的头 10 年里），互联网和计算机技术的普及，给社会与文化带来巨大冲击，使得设计对象、内容和方法都产生重大变化。

正如蒂姆·布朗（Tim Brown）在《IDEO，设计改变一切》中所言："纯粹以技术为中心的创新观念和哲学思维已不能适应世界发展，我们需要新的选择。表现在平衡个人与社会整体需求的新产品；解决全球内健康、贫困和教育问题的新思路；带来重大变革，让人们能胸怀使命感，积极参与变化过程的新策略。"[①] 他的话道出了当前设计转变和设计在后工业社会情境中的新特点。

第一节　设计责任的"去物化"

一、设计从实体到载体的偏移

在过去十年里，google 和百度搜索的普及改变了人们寻找信息的方式；Facebook、维基百科、土豆、电子书、数字新闻、人人网等建立了全新阅读与交友社区，改变了人与人的交往形式；淘宝、亚马逊改变了购物消费与体验。微电子、智能化等信息技术的广泛应用为后工业社会变革提供了

---

① ［美］蒂姆·布朗著：《IDEO：设计改变一切》，侯婷译，万卷出版公司 2011 年版，第 3 页。

技术基础，社会整体性进入可持续发展、数字化联系、智能化产品和交互性沟通为特征的状态。

当前，物品设计和服务设计并存，物品设计从传统产品走向普适计算、互联网、多功能和智能化，产品形式和功能在信息交互里融为一体，承载了设计师想带给我们的体验，构成了人机认知的新情境，使人对产品的认识和使用从过去单向接触变为情景互动，消除了工业时代枯燥乏味的产品操作，逐渐使设计重点由实体层面转向信息层面，数字界面、软件、智能化及交互使用是当前产品的共同特征，设计师不仅创造产品，更创造信息交流方式，设计焦点从产品外在物质形态（材料、色彩、形式、结构）转向整体交互方式设计，产品使用过程中，消费者能根据需要和场景变换信息模式，不断更新产品交互形式，带来个性化乐趣，信息设计与互动方式代表着信息时代产品发展的趋势。

以手机设计简史为例，从早期外形竞争到 iphone 的触摸与系统功能设计，正是物品设计走向信息智能、实体设计走向载体设计的缩影。在手机发展史上，有翻盖、滑盖、触摸设计三大转折点，1983 年，以摩托罗拉第一款手机 DynaTAC 为标志，手机时代到来，但此时的手机体型庞大，屏幕很小，是典型的工业社会功能型产品；1996 年第一款翻盖手机 StarTAC 出现，此后，手机设计不仅外形缩小，形式感也纷繁复杂，手机有各种式样和细分群体；1999 年，西门子推出第一款滑盖设计 SL10，手机键盘第一次显得不那么重要，被隐藏在屏幕下方；2007 年，iPhone 的出现再次改变手机发展形式，设定了智能手机标准，简洁的外形和大屏幕，除了一个物理键，其他功能键全部虚拟化，此后出现的所有智能机几乎都呈现这一形式，外形不再是设计竞争重点，信息系统、人机界面等成为设计关键。（表 5-1）

后工业社会另一个变化是以产品为载体的服务设计，服务需求遍布于日常生活，从个人衣食住行到餐馆、酒店、公共场所、文化机构、公共交通等。人们期待产品具有实用性的同时，还能带来一种服务体验，设计不再仅是视觉符号的翻新与刺激，更侧重用户心理、社会效应和行为的服务过程。

表 5-1　手机从功能设计到智能设计的演变

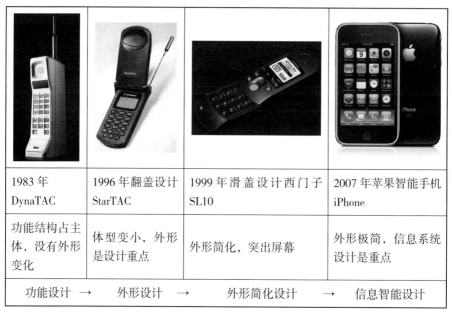

1983 年 DynaTAC	1996 年翻盖设计 StarTAC	1999 年滑盖设计西门子 SL10	2007 年苹果智能手机 iPhone
功能结构占主体，没有外形变化	体型变小，外形是设计重点	外形简化，突出屏幕	外形极简，信息系统设计是重点
功能设计　→　　外形设计　→　　　外形简化设计　　→　　信息智能设计

　　现在，人们对物品的评价和比较贯穿于设计、制造、成本到行销的各个环节，并加入法律、社会责任等因素的综合评价。因此，相比于工业时代的物品设计，后工业社会设计从关注实体（产品本身）转向对产品服务和流程的重视，设计中更加注重个人体验，这种产品为载体，以人为核心的服务设计在生产与消费中越来越重要。如乐高帮助世界各地的成人乐高迷通过举办年度聚会、研讨小组和建立网络社区，找到很多新奇设计方法，乐高公司通过给优秀乐迷们颁发"乐高认证专家"，请他们帮助改进产品设计。

　　总的说来，后工业社会的设计向信息与服务转变，是为了创造更好的生活，让设计服务于生活、解决生活中的问题、满足人们的需求。

二、"去物"过程的设计责任

　　正如托马斯·弗里德曼（Thomas L. Friedman）感叹的那样，2000 年以来的世界变化如此之快，以致人类社会发生了深刻的、革命的变化，在这 10 年里，人们对设计的认识和期望也变化巨大。2012 年 12 月《商业周刊》第 5 期中，埃里克·赫塞尔达赫尔（Arik Hesseldahl）说道：最近的十年可概括为"iDecade"，从 iMac、iTunes、iPod 到 iPhone，都对人们生活带来极大冲击与改变。2009 年二十国集团峰会领导人宴会上，美国总统奥巴马（Barack Obama）向英国女王赠送了 iPod 见面礼，引起轩然大波。

以苹果产品为标志，后工业社会的产品信息化设计成为主流，由此产生信息设计的责任与伦理问题，并随着广泛应用引起普遍思考，设计领域出现去物质化趋势。"去物"是借用了历史学家汤因比（Toynbee）的哲学概念，指智能计算、互联网使用对产品设计的影响，催生了另一种设计形态，物品存在方式、设计手段、使用功能和形式有走向非物质性的趋势。在后工业社会情境里，设计责任不仅反映在具体物品上，更体现在围绕产品的信息交互与服务设计上。

首先，后工业社会的物品从复杂结构设计走向复杂逻辑设计，工业社会的物品设计与材料、结构密不可分，功能建立在复杂可靠的产品结构上，这是设计的中心问题。后工业社会设计过程中，虽然物质形式仍然存在，但形式和功能的关系已不再密不可分。在微电子为特征的信息技术支持下，产品外形更像是一个"黑箱"，但内容复杂化、功能多样化、界面层次化，产品对人的逻辑思维有越来越高的要求，给日常生活带来信息鸿沟，造成新的使用障碍。（图 5-1）

图 5-1　多功能智能电视

其次，产品从肢体操作设计走向触摸虚拟设计，信息技术在社会领域的广泛渗入，人机交互从过去的复杂操作转变为简单点击和触摸，逐渐取代鼠标和物理按键输入，精心设计的触摸方式给用户带来简单易用、新颖时尚和富有吸引力的享受过程，被广泛应用于媒体播放（PMP）、手机、计算机、各种信息终端和家用电子、工业和医学等领域，为电子产品带来全新操作体验。

相比传统操作方式，触摸设计是一种虚拟操作和交互方式，具有更多优点：一是简单直观，只需一个指头轻轻点击即可，更容易明白如何操作，互动感真实，这也符合当前设计中的"自然界面"（NUI-Natural User Interface）原则；二是干扰性小，触摸方式非常安静，对周围环境几乎没有噪音干扰，增加了舒适性；三是便携，符合现代人工作与生活需要，省去了产品附带的外接设备；四是可靠性、耐久性更好，符合可持续设计原则。传统机械式操作因使用频率过高，很容易磨损，而且当产品功能更新时，就需要重新安装界面；而触摸设计只需更新系统即可，按键可以用于多项功能，从长期看，能减少总成本。

再者，从功能设计走向服务方式设计，信息时代的设计不仅与技术和质量有关，还包括产品形成的生活方式与服务，如图 5-2 耐克在 2006 年推出 Nike+ 运动社区服务，提供可以连接网络的运动套装，消费者可以测量运动时间、步伐、能量消耗等数据，还能将运动数据上传到 Nike+ 社区，与社区其他人交流运动心得，耐克会聘请专业教练在社区指导人们。因而，设计师运用设计方法和手段帮助用户及利益相关者找到更合理的生活方式，这不仅有助于从生态角度探索可持续生产与消费，还扩展了设计的社会功能与伦理价值。

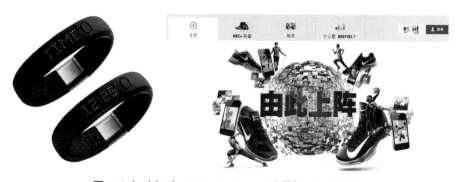

图 5-2（a）（b）　Nike+FuelBand 腕带与 Nike+ 社区

面对人口膨胀、资源紧张、城市化困境等危机，设计对象从"物品"转向"服务"，并由此衍生出人与产品的新型关系、新的设计内容、新的服务体系。从责任伦理角度看，协作设计与服务代表了设计从纯粹商业工具转变为社会责任层面的参与者，代表了设计从"以产品为中心"转变到真正"以人为中心"的伦理关注。

第二节　设计责任的内向化

一、设计中心从物到关系的转移

自 20 世纪后期开始，设计重新定义物品概念，从技术、材料、形式等"物质"问题扩展到对人的认知、行为和环境的关系问题，即情感、体验、伦理等抽象设计。设计重心逐渐由"物"到"人"，其中最基本的是人与机器的交互关系，从设计产品到设计人的需求。

工业社会到后工业社会是从技术为主体到以人为主体的变迁，工业时代的关系特征表现为大量生产、大量消费、标准化，家庭成员分解到工厂中、自然破坏和环境污染；后工业时代的关系特征表现为全球化与地域关系、自然和人类关系、个性与多样性关系、家庭关系等。

后工业社会的设计就处于各种因素的综合关系中，处理产品与人、人与人的关系，显然，设计调节社会关系最明显的形式就是设计伦理。1995年 10 月在日本名古屋世界室内设计会议上，日本设计师内田繁谈道：21世纪是从"物"向"事"的变化，由 20 世纪"物质"时代向"关系"时代转变，他列举了关系时代诸多特征，表现为地域社会复起、尊重自然和个性、家庭重新认识、多样化，"今后的设计会越来越重视不可见因素，重视关系、方法、心理反应等趋向综合性的设计方法。"[1] 其实，他的观点归纳起来就是设计的伦理性关系。

罗伯特·文丘里（Robert Venturi）早在 1966 年《建筑的隐晦》一书中说道：设计应突破功能和技术的思考框架，创造多义性、个性，追求创新的"即时性"。他的观点显然是后工业设计的发展思路。

---

① 荆雷：《设计艺术原理》，山东教育出版社 2002 年版，第 152 页。

意大利设计理论家摩根蒂尼（Mogendini）曾使用"肢体的修补""感官的修补"和"人类心智的修补"来描述设计发展，"人们不再被可移动的机器包围，而是轻触的界面，以及偶尔通过简单的动作唤起变化，并观测这一过程。"[1] 在后工业社会的大变革情境下，设计更关注产品与人的关系系统。

首先，设计重心从物质产品向抽象关系改变。工业时代的设计遵循二元对立的逻辑原则和思考方式，而进入后工业社会，微电子革命及新材料发展冲击了设计的二元对立逻辑（功能与形式），产品背后的技术变得小巧、可靠且价廉物美，以致多数时候似乎是一个间接作用，材料束缚力大大降低，越来越多的产品走向智能化、扁平化，形式与功能不再是严格的表现与被表现，产品变成"有思想的机器"，产品功能变成一种超功能的服务与情感体验关系，如 Email、智能手机等，形式非物化和功能超化使得设计向精神层面接近，即情感、体验、伦理等一套抽象的关系内容。

其次，设计需求演变为对社会与人的关系认知。设计超出衣食住行的生活和生产范畴，延伸到社会公共产品、服务和非物质领域。使用者对产品的需求从标准化转为个性化追求，而个性化选择的前提是基于人们对自己的感觉判断和所处社会环境的价值观，由于千差万别的个性与地域差异，形成了与之对应的多样性产品。此外，在信息环境下，"数字化"生活需求使得设计关注范围再次扩大，与传统设计的概念和方法产生很大差异，一个显著趋势是设计越来越强调系统、智能化、体验、责任等意义，"就像电脑和互联网的作用一样，人们容易感受到高技术产品为交流带来的便利，而看不到写信过程与人发生的物质关系，这种物质关系是文化认识、方式体验和效能的认同过程。"[2]

再者，设计的整合作用。后工业时代的设计者不再只是单纯的设计和创造任务，还有整合能力和社会责任观念，包括从设计、制造到用户及社会赋予的责任等因素。因此，设计师角色变成整合产品关系、帮助解决消费者、市场、社会领域的困难。近年来，国际设计公司 IDEO、Frog 等提出的"Design Thinking"（设计思维或设计导向）就是一种设计整合的创新

---

① ［美］维克多·马格林著：《设计问题：历史·理论·批评》，柳沙等译，中国建筑工业出版社 2010 年版，第 11 页。

② 郭惠尧：《信息时代工业设计的新向度》，《郑州大学学报》2005 年第 3 期，第 168 页。

思维方式，强调设计思维在战略层面的积极意义，认为每个人都应该"像设计师一样思考"。IDEO 总裁蒂姆·布朗（Tim Brown）认为：设计思维能应用到不同领域和组织中，帮助解决社会范围里更广泛的问题，从儿童肥胖到预防犯罪、气候变化到非洲贫困。IDEO 与众多社会组织、国际企业的合作项目也说明了设计中心在后工业时代的新变化，如他们与宝洁合作"魔力延伸清洁先生"项目、为美国疾病控制中心提供青少年肥胖问题解决方案等。

二、由外向内的设计责任

现在，日新月异的信息科技正快速改变着设计的性质和内容，科技与生活产品从机械元件走向电子元件，外形不再完全取决于结构尺寸，物品变得简洁和精密，向"轻、薄、短、小"发展，并深深影响消费者心理和生理，从设计物品外形到设计人与物、社会、文化的伦理关系，从设计需要向设计情感和体验转变。设计的这种关系改变带来新的人机问题和伦理思考。

首先，物品与人的关系设计（情感责任），由形态和结构转向信息和情感体验。当前，日常产品的技术问题不仅被充分满足与保证，而且更新迅速，信息技术使得物品在生产与生活中的存在发生变化。前工业社会里的物品依赖体能操作，结构和形态直接影响功能；工业社会的物品建立在机械能上，形态是影响使用和销售的因素之一；进入后工业社会，物品以智能为基础，形式意义隐身化，产品能否带给顾客情感体验成为决定性因素，人与物品的关系内化为情感关系设计。

在体验经济的推动下，产品功能合理、形式怡人已经不能完全满足消费心理，互动体验成为设计新焦点，当前智能手机和智能电视设计上的这种变化非常明显。

综观 20 世纪后半期的设计变化，也能明显感受到设计责任从外向内的演变趋势。20 世纪 50 年代以物品为中心，设计关系是"形式追随功能"，人被动接受批量化产品；到 20 世纪 60、70 年代，因工学发展起来，新材料、新技术被广泛应用，语义学、符号学导入设计，物品设计更强调对人的适应性，设计关系深入到物品形式带来的审美意义和心理满足；20 世纪 90 年代后，受日常生活审美化和计算机、互联网普及的影响，产品功能如同一个"黑箱"，人们使用智能产品时，面临的最大问题是无法从产品外形了解内部功能，物品情感问题被关注，设计关系走向情感与体验设计。1999 年，第一届设计与情感国际大会在荷兰代尔夫特理工大学召开，并成立了"国际设计与情感学会"，2002 年，唐纳德·A·诺曼（Donald A. Norman）出版了《情感化设计》（Emotional Design），从产品情感设计角度，分析了日常家用电器、电脑、个人网站、电子邮件及现代通信工具（手机）等信息产品的使用问题。

随着人的自我意识增强，以及信息网络打破传统社会交流模式，使个体交往空间无限扩大，由此也导致个体孤寂感相应放大，物品成为情感寄托和生活娱乐的重要平台，人们不仅要求更好的实用产品，还迫切需要心理满足。与此同时，以信息技术为特征的智能化物品，改变了以往人们对产品的认识和操作方式，构成了人机关系新语境，人与物品的互动加强。因此，有人认为，我们既设计产品，更设计"体验情境"，这是设计思维的变化，由"物品中心观"向"体验论"转变。这种情感体验包含了产品使用中操作更加直观、简便、人性化所带来的愉悦感，产品设计情感化是科技发展到 21 世纪的责任关怀。

其次，物品与社会的关系设计（社会责任），从传统"工艺美术"到现代主义设计、再到后工业时代的非物质设计，设计考虑的内、外部要素越来越多和复杂化，设计责任经历了由局部到整体，由形式责任、企业产品责任到社会责任的过程。

早期设计责任主要从产品角度考虑功能与形式对生产和生活的影响，如"工艺美术运动"和"新艺术运动"一再强调产品的审美，批判工业制品的粗陋，以设计寻找产品的装饰性，这种对功能与形式的探讨以包豪斯为高峰，逐步确立了工业社会的设计形式与法则，并在 20 世纪 60、70 年代达到极致。

二战后，设计职业在一些国家形成，企业增加设计部门以帮助改进产品，设计逐渐加入对环境、市场等相关外部要素的关注，即设计从形式责任走向企业产品责任时代，设计中加入了对用户与企业的态度。如美国著名设计家雷蒙德·罗维（Raymond Loewy）曾说道："每当人们谈论设计诚挚性时，我更加关心我的汤勺。"[①]设计成为引导市场潮流的一种手段。进

---

① 王受之：《世界现代设计史》，中国人民大学出版社 2002 年版，第 177 页。

入后工业社会，工业文明的不当唤醒了人的危机意识，设计被要求考虑全面，从日常生活的各类产品到现代都市建设都强调了社会与生态的关注，至此，设计的责任意识从现在转向未来，每一项设计活动，包括设计和制造都应该具有反映社会期望的伦理意识和道德观。

正如国际工业设计协会联合会主席彼得·柴克（Peter Zec）所言：作为辅助人类发展的重要手段，设计既能加速自我毁灭，也能是导向美好未来的捷径。随着社会剧变的继续，后工业社会设计将面对很多需要参与解决的社会问题，这些都需要有社会责任意识的设计。

有社会意识的设计指设计应该为实现人的基本需求和社会、环境可持续发展需求，以解决具有社会影响的问题为目标。一方面，设计要关注信息社会新问题，以社会责任感关怀现实，服务更多的人，如受灾群体、城市低收入、信息边缘者等，设计要积极面对信息技术带来的人机问题和生活改变，从责任角度思考其长久影响；另一方面，全球化困境与生态危机已成为后工业社会突出问题，设计思维和方法可以帮助解决这些难题，以实现人类社会的长久发展，如综合考虑人、环境、资源平衡和协调的生态设计正是具有社会意识的设计方法。

再者，物品与文化的关系设计（多样性的亚文化与地域文化），在技术同质化和开源化的今天，文化因素日益凸显，在多样性、新奇性、短暂化的作用下，人人都迫切希望有所"归属"，需要各种认同来弥补孤独、异化和无所依恃。设计对此有着不可推卸的责任，"设计师从事的是一种远比涉及技术与市场问题或形式与机能问题还要高深的文化事业。"[①] 无论是加拿大政府的设计交流计划，还是英国 Braun、荷兰 Philips、意大利 Alessi 等公司的设计差异化都是为了获得文化认同和群体归属感。

就像有人对苹果的评价："在中国，很多人把苹果看作彰显生活方式的工具。""Apple"作为创新代名词，随着产品的广受欢迎和"果粉"们的推动，成为勇于探索、大胆创新的精神价值观，从 imac 的色彩创新、iphone 的智能化设计再到 ipad 平板电脑，每一个产品都能开拓新的电子消费市场，通过产品推动了一个"令人羡慕的生活方式"和追求创新、完美、推崇精致、专注实用、特立独行的苹果文化，这是设计在后工业社会的亚文化意义。

---

① 柳冠中：《苹果集：设计文化论》，黑龙江科学技术出版社 1995 年版，第 51 页。

第三节　设计责任的边界扩展

后工业社会是一个生活全球化、交流信息化、物品智能化、知识共享化的信息时代，全新的生活形态搅乱了人们可知的生活秩序。

一、整体干预的设计责任

就设计本质而言，它是一种综合性活动。从物品角度而言，设计透过产品反映当时的生活形态、社会价值、经济与文化发展；从设计思考而言，艺术、科学、哲学到社会、文化、环境等因素都是其关涉的内容；从商业化而言，设计要考虑制造、生产、市场、销售等问题。随着设计发展演变，其影响呈现整体化、系统化趋势。

首先，设计在社会领域的整体干预，后工业设计参与领域越来越广，有沟通意义的设计将更受欢迎，从可听可感的声音、味道到无形的服务、信息，从衣食住行到社会贫困、环境保护等，都可能成为设计对象。蒂姆·布朗（Tim Brown）在《Change by Design》一书中说道：设计师要有全球眼光和系统思维，能够跨领域创新，而不是骑墙式妥协。[①]

事实证明，设计方法可以广泛应用到社会领域，帮助处理更复杂的问题，从产品创新到商业模式，从小儿肥胖、预防犯罪到气候变迁和生态破坏，从信息技术转化到虚拟交流等，而不只是局限于过去理解的产品外形设计和改良。

如从一次性设计到基于租赁模式的服务设计方法，以往一次性设计既浪费资源，还严重污染环境，而当前兴起的"租赁"设计是一种有责任感的设计理念，能促进循环消费，大量减少产品消耗和公共资源。如汽车租赁服务设计就是服务之一，设计师并不局限于汽车实体设计，而是从产品服务过程考虑设计责任，改变了产品对环境的影响。又如 IDEO 为全美银行设计的新业务"Keep the Change"，设计师们通过观察、询问获知了日常生活中的零钱困扰，即人们购物、账款支付时经常感到零钱不好处理，如支付 7 美元 75 美分水电费，就会直接支付 8 美元，理由是怕麻烦；在现金交易时，常会带着一把零钱回家，时间长久后，会积累一堆。IDEO 设

---

① ［美］蒂姆·布朗著：《IDEO：设计改变一切》，侯婷译，万卷出版公司 2011 年版，第 3 页。

计师建议全美银行设立新业务，消费者使用全美银行卡结账，剩余零钱会自动转到储蓄账户，这不仅吸引了很多人开新账户，增加了银行存款，而且有效解决了人们的零钱烦恼。正如布鲁斯·茂所言："每一天，人们都在用设计方法和技术解决商业、交通运输、教育和住房等各种棘手的问题。"①

其次，走向整体承担和协作的设计责任。今天，设计实现需要设计师、消费者、生产者共同承担（共享设计、协作设计）。从责任主体来说，由于个体在后工业社会中的作用越来越有限，设计师角色也不例外，会承担起各种责任，如信息技术阐释者、人性引导者和感性创造者等。在IDEO公司，项目团队有社会学、心理学、人类学、作家、摄影师等各种背景的成员，一个有责任感的设计师可以加入跨领域团队，他们一起合作解决设计课题，技术、社会、政治制度理解得越多，越有助于设计师解决问题。

二、远距离的设计责任

安东尼·吉登斯（Anthony Giddens）使用"失控的世界"概述了人们对社会快速变迁的复杂感情，信息化技术使得人类活动范围与影响越来越宽广和深入，其影响远及未来。设计在推动这种变迁的过程中需要以远距离眼光审思自身，设计的远距离责任包括了全球化责任视野和信息技术对未来影响的责任深思。

首先，信息技术推动了全球化浪潮，形成了一个扁平化世界。"全球化"影响在生活中无处不在，它改变了人们的认知观念和生活方式，渗透到社会、文化、科学等各个领域，吉登斯认为全球化正重构当前生活方式，不管人们是否希望如此，都已无法回避这一趋势。

全球化过程既有积极影响，也有不可忽视的负面问题，如环境问题、资源问题、人口问题和伦理问题等，在21世纪的今天，这些问题显得非常急迫，某种程度上说，设计与这些负面效应有着千丝万缕的关系，后工业社会的设计应具有全球责任意识和对未来负责，为解决全球化问题义不容辞。1972年，罗马俱乐部发布第一篇报告《增长的极限》，开启了人们

---

① ［美］沃伦·贝格尔著：《像设计师一样思考》，李馨译，中信出版社2011年版，第4页。

对全球责任和未来责任的思考，全球设计责任不可避免地探讨大气污染、温室效应、臭氧层破坏、土地沙漠化、水资源危机等问题，随着人口剧增和科技发展，自然资源被任意挥霍，以致未来发展将可能无以为继。在设计领域，从短暂性设计转向可持续设计模式，是对全球化问题的责任思考，从产品的功能、材料、结构形态、工艺、运输到服务等各个环节寻找更合理的设计，使产品在制造、使用过程中消耗得更少，使用后对环境污染更小。此外，还有低技术设计①、慢设计②、服务设计③等设计理念，都是对环境问题的责任实践。

人口问题给全球经济和社会发展带来沉重负担，带来就业、交通、住房、老年化等一系列问题。在这些危机面前，设计从单纯产品外形和商业责任转向社会公共责任和人性关怀，逐渐兴起和成熟的无障碍设计、老年设计等就是针对人口问题的探索。

其次，物联网、互联网生活模式下的物品设计责任也是远距离责任，需要从使用行为的长期影响反思物品，信息化工作模式与互联网生活已经开始显现出物品带给人们的某些危害，随着社会进一步信息化，这些危害还会继续扩大，设计有责任在开始阶段就预测其影响。如图5-3所示，手机集成越来越多的功能后，很多人养成睡前躺在床上玩手机，刷微博、上微信、玩游戏的习惯，被称为"深夜手机党"，但长时间如此使用手机也有很多危害。据研究表明，睡前玩手机影响生物钟，发光电子产品会抑制褪黑激素，使人处于浅睡眠状态，慢性劳损，横躺时给眼睛压迫力，长时间会造成左右眼视力偏差等问题。设计师在不断推出各种使用功能时，可能没想到会造成这样的使用方式和身体危害，因此，设计需要有事前预测的责任意识。

此外，正在兴起的物联网将人际网络扩展到物与物、物与人，物品智能化进一步提高，物品能够彼此"交流"，必然对行为方式、生产与生活

①　指基于成熟或传统技术的设计，相对于操作难度大、成本高、有未知风险的高技术而言，低技术设计应用要求不高，能简单、经济、有效地解决问题，特别适合发展中国家。

②　信息社会产生的一种设计理念，主要关注快节奏生活的影响，目的是利用设计使人们放慢生活和工作节奏，有机会获得一点身心休息。

③　从设计角度有效计划和组织产品服务中所涉及的人、基础设施、交流等相关因素，从而提高用户体验和使用的设计活动，服务设计将人与其他诸如沟通、环境、行为、物料等相互融合，是一种以人为本的设计理念。

带来巨大影响，人的生活更加拟人化，物品设计也将有更新的变化。

图5-3（a）（b）（c） 由手机功能延伸出的诸多习惯

第六章　后工业社会的设计责任原则

"原则"指行为、思想所遵循的标准或准则。责任原则具有两方面的显著特征：一是时代性，人口、生态环境、文化和科技发展在不同时代有着不同的责任问题；二是指向性，责任应以社会整体利益和未来发展为指向。在当前设计研究中，我们比较认可设计的最终目的是"为了创造合理的生存方式，协调人与物、环境、社会的关系"，在这组关系中，人是中心和主体，由于人具有生物性和社会性，设计因此衍生出为人的设计和为社会的设计，两者组合成"合理的生存方式"。因此，设计责任原则也应是基于"人"和"社会"的后工业时代背景与现实指向。（图 6-1）

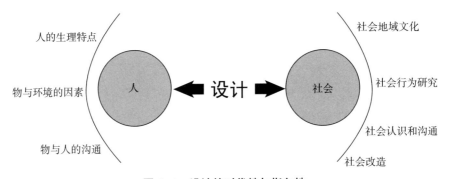

图 6-1　设计的时代性与指向性

首先，人是万物尺度。自古以来，无论是中国先哲们的"仁""兼爱""道与德"，还是西方哲学家的"以人为本"，都强调了人是事物中心和评判标准。但人的准则在不同社会形态和生产关系中会有变化，如表 6-1 所示，前工业社会里的"人"主要与"物"相对，工业社会的"人"主要指普通大众，强调人的生物性，后工业社会的"人"主要指人性，强调人的社会性。所以，设计的最终对象虽然以"人"为准则，但也有差别，传统社会是"为人设计"，工业社会是"以人类为中心设计"，信息社会是"人性化设计"。

表6-1 设计"为人"准则的变迁

	人的准则	物品	人机关系	对象	伦理
传统社会	为人设计	解决"从无到有"问题	功能	平民与贵族	朴素道德观
工业社会	以人类为中心	解决"从粗到精"问题	功能	大众与精英	启蒙运动，人权思想
信息社会	以人为本人性化	解决"从外到内"问题	情感	个人与群体	责任伦理

其次，"社会"指基于人类生存需要而组织起来的生活共同体，是人们相互联系和影响的产物。社会有一套行为规范（如法律、伦理、舆论等）调整人们的行为，维护一定的秩序，具有整合、交流和导向的功能。

设计是社会系统中的子系统，与社会的关系非常紧密，历史上各个时期的设计和设计思潮都受当时社会因素的影响而产生。因此，设计理念与伦理会受制于社会规范要求，反映社会需要，设计既是相对独立的整体，又与其他社会构成（科技、政治、经济、伦理等）相互作用，后工业社会的设计责任原则也主要基于这两个方面的变化和认识。

第一节　适应原则：符合信息化的设计

一、产品智能给人的焦虑与孤独

多样化、分散化与个体化是后工业社会（信息社会）发展的基本特征。在快速变化的社会里，人们既感受到了物质丰裕和信息便捷的好处，也发现了新的问题，自20世纪80年代以来，微电子技术被广泛应用，越来越多的电子产品进入生活领域，将个人生活撕成碎片，我们能明显看到紧张的生活与工作节奏、数字鸿沟、人的焦虑与孤独。托夫勒不无忧虑地指出："电讯交往"对于人类社会"集体生活""生活秩序"和"生活意义"带来挑战，现代人生活在"孤独感""空虚感"和"迷失感"的泛滥中。如网上交流方便了随时随地，但减少了面对面交流，造成新的情感孤独与疏远；物品外形变得简洁，内容却越来越丰富和复杂，以致很多人难以掌握。（如表6-2所示）其中，人的焦虑成为后工业社会的一个显著特征，生活在信息技术里，人们每天习惯性地接打电话、收发短信、浏览网页……但是，随着信息产品使用习惯的养成，"信息焦虑"现象由此产生。因此，信息社会的产品就像双刃剑，在解决前一个问题的同时，又会产生新的社会问题。

表6-2　信息社会带来的正面与负面影响

疑问	信息社会的进步	带来的负面影响
克服了局限性的力量：解放还是束缚？	生产与生活的自动化、人的自助、社会解放，基因技术和克隆	带来生活的孤独，人的身体退化，对信息的依赖
知识：聪明了还是文化缺失？	信息量极大增加，知识随地获取，技术更新迅速	带来更大的信息饥渴和知识缺乏感
健康技术：安全还是危险？	智能治疗、基因解密	人的长寿带来老年化危机、新的病毒产生、
社会公正还是不公平？	所有人获得了知识进步的平等，生活用品极大满足	新的信息不平等产生
社会关系：亲密了还是疏远？	交通更便捷、交流更方便	人与人被隔离、邻里关系消失、
幸福享受还是危险四伏？	人们的物质欲望极大满足，社会多样性选择增加	社会价值的混乱，环境的恶化

产品给人的压力之一：数字鸿沟的排斥。信息塑造了新的阶层和鸿沟，带来了新的不平等生活。随着新媒介技术和产品使用，人与人之间在使用信息方面的差异越来越大，影响了生活和消费产品分化，这就是数字鸿沟体现，弱势群体逐渐跟不上信息步伐，被排离在信息边缘，数字鸿沟不仅是"后工业社会状态"，也是"信息和产品问题"。

2012年的"火车票网购"是一个典型例子，多年来，春运期间总是存在夸张的排队购票现象，大家拿着铺盖卷通宵等票已是常态，但2012年开通了网络购票系统，用户在家只需轻点鼠标或通过手机等信息产品登陆，便可快捷地买到车票，这是社会服务的进步。然而，并不是每个人都享受到了这种舒适，据报道，一位叫黄庆红的人写信给铁道部说道："网络购票太复杂，我们不会。"以往，所有人都在"公平排队"原则下平等买票，但通过智能产品上网买票，却使老龄人、农民工等人群处于为难境地。服务信息化趋势使购物、房屋租赁、医院挂号等都已普及网络，显然，是信息鸿沟及其产品使用方式带来了新的不平等。网络购票方便了信息大众，却扩大了不同社会阶层的"权利鸿沟"，让不擅长使用信息产品者处于弱势，诱发了新的不公平。

产品给人的压力之二：一种交流代替另一种交流。后工业社会里，信息产品已逐渐成为日常生活中的主要内容，人与人、人与物品之间的交流方式丰富多样，电话、网络、短信等使人际交流从单一转变为多样，实现了即时交流与沟通，智能化使产品具有无限交互可能，一改过去的机械形象。从这个角度来看，信息时代的人际关系和人机关系更加亲密。但事实上，信息时代的交流是"人—机—人"模式，虽然缩小了人与人的空间距离感，也因为交流方便和频繁，反而使面对面的真实情感疏远，信息时代以"虚拟"代替了"能感觉到的真实性"，电子邮件、写信和电话都是通信，显然后者更有真实感，这是两种不同的人际交流。因此，智能化、信息化设计在某种程度上隔离了人与人的交流，使人的孤独感增强，带给人们心理和情感上的压力。

以现在流行的智能手机设计为例，随着人们对智能手机热衷，关于智能手机的使用问题也逐渐暴露出来。据马来西亚媒体报道，人们热衷于玩弄智能手机，可能导致家庭人际关系的疏离及其他问题。现在，我们经常能看见这样的场景，从家庭用餐到公共用餐场所，很多同桌吃饭的人都在目不转睛地专注于自己手机，只是偶尔抬头说话，眼神交流和表情交流已然缺失。

有研究显示，过度关注智能产品，会导致成瘾对青少年的影响更大，会使得他们习惯于面对信息产品不停地输入信息、浏览网络及聊天，并对现实生活、社交、运动等兴趣减淡，严重时会引发身体健康、心理问题。美国麻省理工学院的雪莉·特克（Sherry Turkle）教授很早就开始了高科技产品对亲子关系的课题研究，通过五年时间对 300 个孩子的观察和跟踪采访，发现父母习惯专注于科技产品的家庭里，孩子们身上有三种普遍情绪：受伤、嫉妒和竞争。

随着社交网络的兴起，信息社会的人越来越迷恋和依赖网络社交与娱乐，图6-2（a）是一张在微博上被多次转发的现代家庭聚会图，图中描绘一道菜端上来后，所有人首先想到的不是品尝和交流及赞赏长辈，而是不约而同地拿出信息产品（智能手机、iPad等）拍照发微博，与远在千里外的网络人交流饮食，而对身边人却视而不见，这是典型的信息社会特征。信息产品导致现实中人际交往礼仪的失落，集体活动似乎孤独感十足，越来越多的人身体到场，心灵却缺席。如图6-2（b）（c）所示

图6-2（a）（b）（c） 信息产品带来的人际交往新特点

产品给人的压力之三：信息产品的"绑架"。后工业社会不断更新的电子产品不仅改变了世界，也每时每刻改变着人们的生活和思维方式。从电脑、掌上游戏机到MP5、平板、智能手机等，生活被不断信息笼罩和加速，在越来越便捷和娱乐化状态下，人们不自觉地迷上了"电子海洛因"，信息化产品使人养成了严重依赖症和惰性心理。2011年，中国《生命时报》与39健康网、上海平安医网对16397个人群样本做过一次调查，结果显

示：超过 70% 的人承认对电子产品有依赖性，一旦离开，明显感觉生活不便。如手机一天不响，就会心慌和无所事事；遇到难题，首先想到求助网络而不是自己；出行中没有 MP3、游戏机，会无所适从。以下描述的是一个典型信息社会人的生活状态：

姓名：小张
年龄：80 后出生
生活特征：宅男 ①
职业：网络技术工程师，已工作 4 年
工作生活描述：工作中最亲近的三大物件：电脑、手机、平板，每天在电脑前 8 小时，午休和同事联机玩游戏，下班时第一件事挂上 MP3 听歌，坐上地铁后，打开手机 QQ 或平板聊天、发微博；到家后联机游戏，偶尔看看电视。
问题：当问到如果哪天没有这些产品时，他略有发愣地说道："电子产品就是生活，不敢想象这个问题，肯定会空虚和焦虑。"

产品给人的压力之四：信息产品的使用困难。这种困难既表现在正常人身上，也表现在对弱势人群的排斥。当前，很多人都存在电子产品惧怕心理，总感觉社会发展太快，不会使用的产品越来越多，不同年龄段的用户对智能产品存在明显的熟悉差异，智能产品的适用年龄段越来越狭窄。特别是弱势人群受遗传、生理、年龄等影响，更是难以适应和学习信息产品使用方式，面对功能复杂的智能产品遇到的障碍比正常人更多。

主要原因是所谓合理、便捷的信息产品设计总是出于技术理解，而忽略了对人自身的理解，这在一定程度上使很多人觉得信息社会与自己毫无关系，由此产生已不适应信息社会的心理负担和社会歧视。阿兰·库珀（Alan Cooper）在《软件观念革命：交互设计精髓》一书中说道："观察当前的数字产品，发现大多数人在使用产品时有过这样的感受：复杂的操作让用户觉得自己很愚蠢，已不适应社会发展；降低用户速度，以致不能完

---

① 宅男指大多数时间憋在屋子里不出去，玩游戏、上 bbs 的一群人，是近年来出现的一个亚文化族群。常见的判断标准有：痴迷于某事物、长时间依赖电脑和网络、极少出门、独身等。

成足够的任务；操作中常犯简单错误，让人无法获得乐趣，甚至会厌烦。"当前，这类人群的数量很大，特别是老龄化社会到来后，信息产品的压力问题更需要关注。

这里以老年人为例，表6-3列举了一些老年人使用电子产品的困难，老年人非常被动地追赶着信息社会。因此，2008年，世界电信和信息社会日产业联合宣言的主题是"让信息通信技术惠及残疾人"，其中重要一点就是关注老年群体特殊需求，推进信息产品无障碍标准。

表6-3 老年人信息产品使用压力

日常生活	信息产品	产品使用压力
健康	电子体温、电子按摩	对按键功能和操作顺序记忆困难；操作键标注的文字太小、笔画太细；显示屏太小；功能不会设置；很多功能不实用
休闲	平板电视、数字收音机、照相机、电脑、电子书、网络	
交流	手机、电脑	
生活辅助	医疗产品界面、电子厨房	

二、为交流与共享的设计责任

"交流是信息社会主要特征，是人的基本需要和社会化过程的基础，每个人应享受到信息社会带来的福祉。"[①]信息社会变化太快，使人们的思想和认知承受了巨大压力，造成内心局促不安、恐慌及压抑感。设计在此种环境下也受到很大影响，在转化信息技术的过程中带来交流上的新问题，因而必须以人为本，尤其明确人的伦理价值（可持续）、社会（关系网）、理解（产品认知）、功能（功能和符号因素）和文化。事实上，变革并不在于科技的不断更新，而在于我们的方式。

信息社会里的产品使用压力主要来自新的人机交流与认知变化，现代产品大多已摆脱机械驱动的束缚，特别是微电子产品，其外形越来越简化，已无法准确解释自身功能及使用状态。产品审美趋势由过去的实物美学转向行为美学与交流美学，设计逐渐由传统意义上的形态转向关注内容

---

① 信息社会世界首脑会议《原则宣言》，信息社会世界首脑会议日内瓦阶段会议，2003年12月12日。内容来自：http://www.itu.int/wsis/outcome/booklet/declaration_Azh.html

和内涵，进而演变为设计产品行为：复杂系统与交互方式。复杂系统行为是认知因素和逻辑过程的结合，即人机关系向认知心理拓展。

产品智能化和交流方式的多样选择给予用户无限自由，但也带来选择困难。同一产品有多种正确的操作方式和人机界面，设计要承担新的交流责任，让每个人都尽可能地受惠于信息化产品的福利。归纳起来，信息社会的人机交流主要是形态与信息交互行为的困惑，笔者根据信息社会物品使用与交流的压力，提出了设计责任原则之一：适应原则。主要包括容易选择、幕后走向前台、适当放弃、减少记忆四个方面。

1. 容易选择：指信息产品与人的交流容易判断和找到，不应该包含不相关或不需要的干扰信息，因为在简单产品上每增加一个信息控制，都会相应地削弱原有功能的相对可见性。设计要根据用户操作需要、信息满足等因素深思熟虑，做到流畅操作，不是功能的简单"堆砌"和界面信息的杂乱"摆放"。这里以 Google（图 6–3）和车票网购界面（图 6–4）为例，作为搜索网站，Google 的服务内容非常庞大，但其界面设计却非常容易理解，即使第一次使用它的人也能明白在框中输入信息即可。而车票网购界面却内容庞杂，信息混乱，强迫用户关注不需要的信息，从心理上给人不安全和复杂感，事实上操作起来也麻烦。两者设计出发点相差很大，Google 把所有人当成不会上网和缺乏使用经验的人，而车票订购网则从利益着想，所有信息都要求使用者自己寻找。所以，要减缓数字鸿沟的扩大，设计首先要做到容易理解，不要用关联性不大的次要信息或复杂元素干扰视觉与判断。

图 6–3　Google 门户

图 6-4　铁道部购票门户

2. 从幕后走向前台：人们之所以对信息产品感到压力，部分原因来自对信息技术不了解，日新月异的技术进步让每个人时刻感觉到自己在落伍。所以，设计中要考虑到这种不安全心理因素，而通过设计把看不见的部分展现给大众，可以拉近距离，减缓对信息技术的恐惧感。在工业社会，产品设计虽然也有复杂性，但所有的操作方式都清楚显现在产品外形上，各种不同的控制部件表达了各自功能，人们可以直接操作和感受实体形态、工作过程和工作状态。而智能产品外形大多相同，按键极少（苹果产品只有一个按键），所有的功能操作都需要通过程序和触控实现，从外形上已看不见产品功能，人们很难形成感性认识，智能产品就像一个"黑箱"，会产生无所适从的感觉，所以，设计需要寻找新的方式。

透明化设计是从幕后走向前台的方式之一，透明是一种坦诚和不做作，具有亲和性特点。自 20 世纪 70 年代以来，信息化产品微妙的功能和复杂的操作程序是挡在消费者面前的最大障碍，如何使产品易于操作和被认同是后工业社会设计面临的新责任。苹果首先找到了透明设计方法，其imac 产品把复杂计算机设计得可爱亲切，使普通群体面对电脑时不再陌生和恐惧。（图 6-5）自 imac 开始，智能透明帐篷、透明音箱、透明手机、透明键盘等出现，如图 6-6 是 2009 年的一款 Window Phone 概念手机，全透明设计完全改变了对手机认识，简单的操作和直观的感触，任何人拿在手里都不会觉得有距离和复杂。

图 6-5　苹果 imac 电脑

图 6-6　Window Phone 概念手机

　　信息视觉化也是一种从幕后走向前台的方式。赫伯特·拜耶（Herbert Bayer）曾说过：视觉设计能使人类和世界更加容易理解。现代电子产品的外型失去了对操作的指示性，让用户不知道如何操作，因此，设计时需要尽可能做到功能和信息的视觉化，让用户容易理解。视觉化包含硬件（孔槽、按键、图示说明、鼠标、键盘等）和软件（信息界面）两方面的人机交流。

硬件交流（产品外部表情）是信息产品对人的使用引导，可以向用户暗示功能，起到提醒作用。如目前流行的"防呆设计"（图6-7），它是一种工程控制方法，也叫防错法，引入设计中用来避免操作错误，使人在不熟悉产品或注意力不集中情况下，尽可能少地发生问题。一方面，防止人为疏忽而发生错误的几率；另一方面使产品看起来不需要高度技能，外行人也不会犯错。以当前各种电子产品数据线设计为例，有过使用经验的人都知道，过去插接数据线时常常要低头看接口上下位置，以免插反，而上年纪的人经常会反复试验几次才能插上，显然，这种出于技术的人机方式忽略了人的行为习惯，造成使用麻烦，当把接口改为梯形后，任何人都能明白怎么接入数据线。（图6-8）

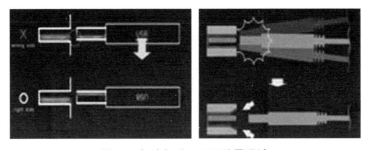

图6-7（a）（b） USB 防呆设计

图6-8 USB 梯形设计

信息视觉化设计是把抽象信息转为能被大众认知和熟悉的信息形式，生活中充满了各种数码产品、通讯产品、多媒体产品、游戏、家庭产品，视觉化可以使物品具有良好的识别性、方便性，通过设计师逻辑化的排列，能清晰、有效、生动地引导消费者操作和互动。（图6-9、图6-10）

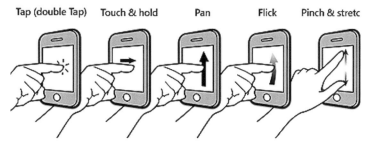

图 6-9　自然操作方式

图 6-10（a）（b）　熟悉型信息界面

3. 适当放弃原则：面对人们过于沉迷电子产品，并表现出强烈的依赖现象，我们不得不反思这种行为出现的原因以及如何应对。对此，很多人提出自律，建议尽可能远离电子产品，享受低碳生活，前面章节提到的QQ族、乐活族就有类似的生活方式要求，但自制只是一种善意劝导，每天仍然有很多人沉浸于不健康的电子生活。

从进入后工业社会以来，设计对这种生活模式的推动有着不可推卸责任，设计不仅很好地完成了信息技术向生活领域的转化，还在消费经济推动下，把信息技术的应用过度包裹在消费者身上，使人们被信息产品紧紧束缚。细看当前智能手机、平板电脑的功能，其实就是计算机的微型化使用，即信息产品设计是把计算机娱乐与网络功能从工作空间、家庭等固定场所变为了随时随地的享受。（表6-4）

技术微型化被设计应用在生活领域，使得人们从固定地点、固定时间的信息娱乐变为了无时无刻地放纵娱乐，这是设计放纵和对人的不负责任。就好像工业时代为消费欲望设计一样，信息社会里把物质产品的欲望消费变为了信息欲望消费。

表6-4　智能产品的信息雷同

	定位	功能	比较
智能手机	一台可以随意安装和卸载应用软件的手机	基于无线数据通信的浏览器，GPS和电子邮件功能；PDA功能，个人信息管理，日程记事，任务安排，多媒体应用；开放性操作系统，可以安装应用程序；根据个人需要扩展功能；相机功能	几乎集合了生活中常用的电子产品功能，与平板电脑重合度60%
平板电脑	一款无须翻盖、没有键盘、大小不等、形状各异、功能完整、随身携带的电脑	理论上具备普通计算机的所有功能，但受配置限制	与电脑重合度80%
计算机	一种能按程序运行，自动、高速处理海量数据的现代化智能电子设备	办公、游戏、上网、学习、娱乐	覆盖衣食住行

　　所以，当智能产品的功能设计越来越复杂时，数字化娱乐从电脑延伸到随身物品，设计步步紧逼人类自由空间，导致数字娱乐被异化，而且有研究证明，过度数字化生活有诸多危害。显然，当前的数字产品设计需要反思责任，这里，作者提出适当放弃原则，即根据人们的工作与生活需要而设计，不是一味地满足用户非理性需求和欲望，在数字产品功能设计上选择性地使用信息技术，为人的安全、健康着想，适当放弃用户的某些要求，引导人对产品的正常使用。

　　反智能设计是基于放弃原则提出的设计理念。2011年，荷兰John's Phone公司设计了一款另类手机，被称为"世界上最简易手机"，（图6-11）这款手机仅有通话功能，没有上网、摄像甚至不能发短信，手机顶部是一个小显示屏，整部手机只有数字键、通话和挂断键，背部设计了电话本安放处，满足记录需要，这是对智能手机的一种抗议，这款基于放弃原则的设计，暗示我们在一味追逐智能与多样复杂的同时，忽略了手机本身最重要的基本功能。从设计思维来看，创造科技改变世界是一种伟大，但让自己和周围的人共同快乐是更大的成功，在紧张工作之余，和朋友交流，共享快乐才是人生。

图 6-11　世界最简易手机 John Phone

4. 减少记忆原则：有些进入日常生活的智能产品，不仅没有达到更便捷，反而成了繁琐复杂的代名词，消费者购买后因麻烦而束之高阁，导致有的人对智能产品敬而远之。因为设计不当，产品功能增多的同时，操作也变得更加复杂。阿兰·库珀（Alan Cooper）说到"数字产品特性成堆，但每增加一个特性，产品就更难使用。"[1]因此，要减少智能产品给人的压力，就需要在设计上遵守减少记忆原则，简化操作和行为过程，切实为日常生活带来便利。

图 6-12　奔腾（povos）PFF40C-D

以图 6-12 智能电饭煲设计为例，现在的智能电饭煲功能极其丰富，如煮粥功能就细分婴儿粥、儿童粥、老人粥，煮饭过程中会自动跟人打招呼，可选取偏软、偏硬、适中的煮饭模式，智能温馨提示、能煮饭、煲汤、做寿司、蛋糕等。这么多功能在过去不可想象。但如此美好的产品却

---

① 库珀、赖曼主编，詹剑锋等译：《软件观念革命：交互设计精髓》，电子工业出版社 2005 年版，第 22 页。

抱怨很多，主要集中在很多人记不住操作过程，下图 6-13 是奔腾（povos）
PFF40C-D 的操作，由表格 6-5 中的部分操作过程来看，简单的家居生活
变得非常复杂，确实要调整使用方式，减少记忆环节。

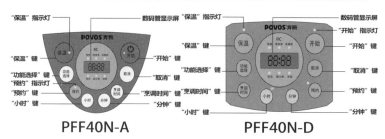

图 6-13　奔腾 PFF40C-D 操作界面

表 6-5　奔腾 PFF40C-D 的复杂操作

功能选择	待机状态下，按"功能键"依次在功能"精煮－小米量－快煮－粥/汤－蛋糕－泡饭－煲仔饭－热饭"选择，选好后，按"开始"进入，或按"关/保温"取消
米种选择	功能状态下，当选中功能为"精煮－小米量－快煮"时，再按"米种选择"键在米种之间循环选择，屏幕显示"丝苗米－东北米－其他米－香米"，选好后，按"开始"进入，或按"关/保温"取消
设置烹调时间	功能状态下，当选中功能为粥/汤时，再按烹调时间键，进入粥/汤烹调时间设置状态，液晶闪烁显示当前时间，按"小时"键调整烹调时间值，按"分钟"键调整分钟
功能预约	功能状态下，选择好某一功能后，按"预约"键，液晶闪烁显示时间，按"小时"键调整烹调时间值，按"分钟"键调整分钟，再按"开始"键，"预约"和"开始"灯常亮，进入预约工作状态，按"关/保温"可取消工作状态，回到待机状态
时钟调整	在待机状态下，按"小时"键或"分钟"键2秒以上，进入时钟调整状态，液晶当前时钟闪烁，按"小时"键，调整小时数值，按"分钟"调整分钟数值，调整好后，按"关/保温"可取消工作状态，回到待机状态，在时钟调整状态下，如果10秒内无任何按键操作，系统自动确定当前设定值并退出时钟状态，回到待机状态

第二节　平衡原则：新奇性冲击的设计

一、新奇性的适应困惑

曾有一篇题目为《后现代吃饭》的文章，作者描述了吃饭的诸多苦恼，他说不知从什么时候开始，吃饭成了一种负担，人们常为吃什么愁肠百结，最终都是不情愿地吃，一件简单事变得复杂了，反倒是过去，食物缺乏却吃得很香。最后，作者认为吃饭烦恼来自人们心理情感的失落，少了些许期待和乐趣。

这个故事道出了人们从工业社会到后工业社会转变中的适应困惑，即如何适应非物质设计的社会，第亚尼曾描绘后工业社会是各种数字技术迅速发展的时代，智能产品使人与人、人与物品的沟通形式多样，并大量依赖服务。非物质设计有两层内容，一是非客观实在（物品）的设计，如信息界面设计、虚拟设计等；二是由物质衍生的因素设计，如产品功能、意义设计、使用行为与心理设计等。随着越来越多的信息方式介入人们的工作与生活，既带来非物质的享受，也增加了新的烦恼。

首先，人们经历着层出不穷的新技术适应过程。工作上，每天都是坐着不动和长时间面对电脑屏幕，快节奏、枯燥的工作状态、爆炸式的瞬态信息造成人们精神紧张，人与人、人与物、人与信息都在短暂化，导致人的内心认知与社会真实断层，并最终形成一种巨大压力。现在，我们似乎没有时间快速地认真阅读一本书，上网嫌速度太慢，和朋友聚会，会很不耐烦地多等一分钟，出行抢着第一个上车，等电梯总有人急切地伸手按关闭钮……很少有人能静下来想想自己的感觉和需要。

其次，在媒体与信息充斥的社会里，人们逐渐习惯于躲在数字产品后面交流和处理事情，情感沟通以程序和符号完成，造成人们内心的孤独感增加，进而带来情感和自身异化。表6-6是对信息和现实两种沟通方式的比较，从中能明显看到虚拟化交流的情感缺失。

2007年，韩国几家研究机构专门调查了手机对人际关系和沟通方式的影响，数据显示当前社会正进入"无言的沉默"，这一结果令人非常意外，在网络聊天、短信聊天的影响下，人和人之间"零距离"交谈频率降到了前所未有的程度。人们通过网络迅速知道世界发生的新闻，查找各种信息，但经常会忽略身边的人，与身边的人少了沟通和关怀。

表6-6　不同产品的交流效果

	工具	便捷	重视	人情	反馈	干扰	掩饰
信息网络	智能手机、计算机、平板（E-mail、QQ、SNS、BLOG等）	随时随地	一般重视	符号化表情，虚拟化想象	以在线为前提	干扰很弱	可以躲避或文字掩饰真实情绪
现实	电话和见面	需要同时间或同地点	更重视的表现	真实存在	反馈最快、最好	干扰最强	更容易发现真相
优势比较	智能产品沟通具有便捷、零干扰、掩饰情感的优点，但在引起重视、传情达意、获得及时反馈、看穿真相等方面不如现实交流						

下面几段讨论摘自网上博客，从内容可以看出，信息产品带来沟通便捷，但没有带来更多情感快乐，身体上分离的人们，在社会和情感上也分离了。

"博客［伤心离开］说：每天玩电脑、上网只是习惯性消磨时间，感到很无聊、很虚无。

博客［小小林］说：最近公司的人都有了电脑，氛围就没以前好了，以前大家会一块聊天，现在都是网上聊天，连老板也是这样。

博客［加加林］说：网络很虚无，各种冒充让人找不到真实和信赖，更谈不上亲近感。"①

再者，后工业社会的需求消费超越物品本身。一方面，我们正经历"亚文化爆炸"，选择机会的增长既帮助消费者满足了个人喜好，也让个人选择变得更加困难；另一方面，智能化产品提供了足够人性的服务，人类自己变得越来越傻瓜和简单，很多事情不需思考和赋予情感就能生活得很便捷。在过去，我们会用心做饭、练书法，现在，智能产品都能帮我们做

---

① 网友言论摘自：http://www.lbnews.com.cn

好，人们只需按下按键或输入指令即可。因而，产品的丰富多样使人无从选择，失去参与生活的机会，使人变得麻木和简单。其实，人类最终还是要走向情感、回归真实。

在多样性、新奇性、短暂性情境下，社会正步入一个历史性适应危机阶段，人对信息环境的不适应和失落表现得尤为明显，人们或者拒绝接受信息化，或者被动接受与工作相关的信息方式，而对其他方面视而不见；或者一边抱怨信息社会，一边怀恋工业社会。

二、设计对文化与情感的责任

当人们在高技术社会里产生技术恐慌感时，必然会追求一种补偿和平衡，这就是高技术与高情感的平衡。约翰·奈斯比特指出：后工业社会里新技术愈多，人们越渴求用情感来均衡技术的硬性。

通过设计可以缓和产品和技术压力外化的负面情绪，笔者借鉴唐纳德·A. 诺曼（Donald A Norman）的情感设计分层理论，结合后工业社会的设计事实，从三个方面归纳了设计平衡原则内容，包括可参与的设计合作、归属感设计、能带来回忆与思考的设计。

首先，从低情感到可参与的设计合作。高技术带来的短暂性与低情感问题是物品设计的新困惑，现代都市人生活极简到了几点一线，加上工作繁忙、生活节奏加快，电脑娱乐和交友等原因，生活乐趣似乎越来越缺少，并使人们热爱劳动的本能逐渐钝化。所以，把设计过程延伸至用户，形成共享体验的设计合作方式，让用户发现参与乐趣，使人重新有了动手机会，这种劳动共享还可以让人们加强与身边亲人、朋友共享快乐，重新回归友情聚会，增加情感体验。与工业社会注重产品功能、外型、价格的经济模式不同，体验是从生活与情境出发，塑造感官体验及情感价值认同，设计合作可以从物品设计合作和信息合作两方面增加情感体验。

物品设计合作方面，如有意在物品使用方式中为用户留下参与环节，设计有趣的障碍或提供多种组合模式，用户通过参与设计获得交流乐趣，而不是消极地被设计。意大利设计师 Daniele Lago 设计的"七巧板书架"是一个典型案例，（图6-14）他以七巧板原理为设计创意，把书架分成7个模块，消费者自己拼合成不同的书架形式，当下班回家或心情不好时，可以在书架里找到一份乐趣，也吸引了现代人多阅读的可能。

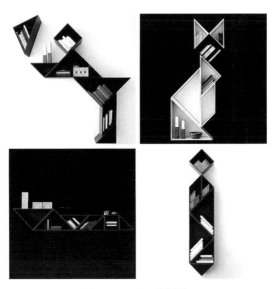

图 6-14　七巧板书架

　　设计师还可以采用模糊性设计方式增加用户参与度。如莫雷诺·费拉利为 C.P.Company 设计的"I TRASFORMABILI 100"（图 6-15），采用模糊性方法使一件物品具有了避寒和坐靠双重功能，给予用户一定参与乐趣。

图 6-15　I TRASFORMABILI 100

　　再如当前流行的 DIY 生活，也是基于参与原则的设计形式，工业化时代的产品和生活方式都是基于批量生产的"标准化"和"类型化"，产品"统一"消亡和更新，"DIY"一词为短语"Do it yourself"缩写，指消费者通过自己动手满足简单需求，其材料来源丰富多样，创意感十足，不仅有助于减少浪费，还能产生积极的情感体验。如图6-16（a）简易收纳桶、图6-16（b）零钱存储罐和6-17雪糕棒书签设计，把几个废弃PET瓶裁剪拼合，用铁钉固定，就成了一个漂亮的小物件。

图6-16（a）（b） DIY储物筒

图6-17 雪糕棒书签

在信息合作方面，设计以产品为支撑，建立起合作和体验为中心的使用系统，不仅能提高资源利用，还满足了信息社会的个性化消费，特别是信息产品的使用上，共享服务已经成为潮流，很多大公司已经注意到参与和共享设计对弥补高技术情感缺失的意义，如顶级运动鞋品牌"耐克"开发了网上定做系统（图 6-18），用户在网上设计颜色、材质、形态，三个星期就可拿到成品，成本只比专卖店贵 10 美元。再如乐高玩具设计，乐高公司通过帮助世界各地的成人"乐高迷"举办年度聚会（图 6-19）、研讨小组和建立 LEGO 官方社区，为"乐高迷"提供信息共享平台，并邀请网络社区里的爱好者帮助公司改进产品设计，使用户之间、用户与企业间建立了良好的情感关系。因此，共享设计与体验能解决产品低情感问题，企业把产品设计成可提供服务的协作平台，产品消费者以产品为媒介，共享设计创意和使用体验，表达共同的情感寄托、生活方式和信念。

图 6-18　耐克网上定做系统

图 6-19　乐高迷年度聚会

其次，有归属感的设计。归属感指个体被他人或团体认可与接纳的感觉。近年来，心理学家对归属感和责任感的联系进行了很多研究，他们认为，信息社会里的人普遍缺乏归属感，这直接导致对工作缺乏激情、责任感不强、社交圈子狭窄、生活单调、缺乏兴趣爱好。事实上，今天的人们都害怕孤独和寂寞，都希望找到某种归属，有归属感一般就会有责任感，当前，设计主要从地域圈、生活圈、个人三个方面实现归属感。

从设计角度看，让用户对产品有感情，会使他们印象深刻，能有助于产生归属感，用当前流行词语概括，人们都是某类"粉丝（Fans）"，如NBA粉丝、相声粉丝、苹果粉丝、米粉（小米手机粉丝）等，这正是一种归属感表现，是一种消费立场和情感态度。对于这种产品粉丝文化，最突出案例可能是苹果粉丝了，在百度或Google输入"苹果""Mac""iphone"等词汇，能搜出好几页关于苹果粉丝的社区、博客、论坛。曾经有个"手机论坛海豚帮"在网上做过一次调查，他们试着询问真正的果粉为什么喜爱苹果产品？结果80%的果粉回答道：喜爱苹果产品需要理由吗？一个简单的反问回答，让人深思和琢磨。从某种程度上说，苹果手机、MP3已不仅是电子产品，更是这群用户的情感寄托、生活方式和信念，表达了"选择就喜欢"的生活态度，他们找到了自己的归属——"果粉"。（图6-20、图6-21、图6-22）

曾在网上看到这样一个故事：一个人带着小孩坐电梯，小孩拿着苹果手机看视频，电梯到6层打开，又进来一对母子，那个小孩也拿着一台苹果手机，本来2个小孩互不认识，但互为对方手上的苹果吸引，竟高兴地聊起来，最后还在网上成为朋友，这就是一种归属感的力量。

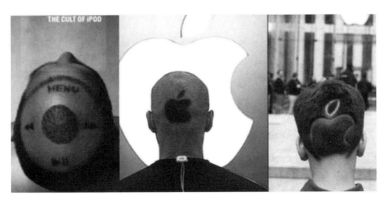

图6-20　疯狂苹果粉丝

图 6-21　排队购买苹果

图 6-22　苹果文化

最后，能带来回忆或思考。从工业社会到信息社会的转变过程中，社会巨变打破了旧有时空感和整体观念，形成新奇、短暂和多样化冲击，导致无所适从的骚动情绪，人们在情感上必然会怀恋过去或对熟悉事物有着特别情感。

情感是人对事物满意与否的态度体验，会伴随认识过程不断变化。情感和情绪词义相近，但情感偏指社会需求方面，情绪偏指人的生理态度。

所以，设计如果能带给人一种回忆、联想或思考，就能引起人的情感，给人快乐。回忆可以激起强大持久的情感，如果物品与某种回忆或联想有关，就能带来美好记忆，如曾经的生活经历、使人想起家人和朋友、过去的成就等等，产品可以激起人的特别情感。

每个时代、每个家庭、每个人都会有很多自己的回忆，如蜡烛、拉绳灯、黑白电视、木窗户等，这些物品已伴随着记忆渐渐远去。每每想起都会给人温馨，怀念，可以赋予物品美感，通过设计重新捕捉人们心底的愿望，以新的材质、手段、技术诠释产品，能产生情感体验。

深泽直人有两款设计就有这种回忆效应。图6-23是他在2003年设计的一款W11K手机，设计产生于对童年物品的记忆，想想小时候在厨房帮妈妈削土豆或端盘子的经历，土豆洗干净后，削掉皮就变成了大大小小轻微斜面，特别是力道不匀时，就会有的地方削多，有的地方削少，放到水里，看着干干净净的土豆，很有成就感，多年后，深泽直人把这种回忆设计到了手机上，唤醒了一代人的童年记忆，手机也变得有感情、有记忆。另外，他还设计过一款Muji CD机，如图6-24看上去就像一个风扇，下面有一条拉绳，很多人对这个形体都有熟悉的感觉，看着亲切，可能无意识地就会去拉拉绳，结果是音乐响起，再拉，音乐停止，这款产品操作简单只是优点之一，还让人想起了小时候使用过的拉绳开关灯，能引起人的回忆。

总之，设计能使人产生积极的情感体验，或怀旧、幸福，或信任、满足，或兴奋……

图6-23　W11K手机

图 6-24　MujiCD 机

第三节　可持续原则：短暂性设计的改正

一、后工业社会的困境

进入后工业社会以来，可持续发展观念深入人心。1972 年，联合国人类环境会议正式提出可持续环境。此后，可持续概念逐渐扩大，从生态到社会、经济、再到人自身。1980 年，国际自然与自然资源保护同盟提出"研究自然、社会、生态、经济的基本关系。"1987 年，挪威首相布伦特兰夫人（Gro Harlem Brundtland）在世界环境与发展委员会上作了《我们共同的未来》的报告，解释了可持续发展的最广泛定义。

20 世纪后半期，社会结构和生活状态呈现短暂化特征，改变了人们工作与生活方式，导致了一系列的问题。设计作为物品实现的手段、生活方式的引导者，其行为活动对社会观念、审美需要、生活理念起着一定影响，直接或间接影响着可持续努力，短暂性设计对此有不可推卸责任，设计目的是为人们提供舒适、便利的生活产品与环境，但随着信息技术普及，设计不仅面临环境可持续责任，还需要关注信息化带来的可持续困境。

首先，从人的可持续来看，信息社会的技术发展既改变和方便了生活方式，也带来很多不可持续的负面效应，其表现有：

一是身体的显现危机。曾几何时，电脑已成为工作、生活、娱乐等几乎所有领域不可或缺的物件，信息技术普及带来了很多意想不到的身体危害，现在，说起电脑伤害。可以数出一长串名词：屏幕脸、玻璃胃、电脑椎、加班眼、鼠标手、短信指、沙发臀、憋尿肾、MP3耳、路怒心等，信息化人机方式的长期影响，使身体器官都出现变化。（详见表6-7、图6-25、图6-26）

表6-7　信息产品对身体造成的显现伤害

人机危害	特征	影响
屏幕脸	长时间人机对话，会使面部表情僵硬，甚至无表情、表情淡漠	表情淡漠的脸会影响人际交往，容易产生人格障碍与性格异常；屏幕辐射产生静电，易吸附灰尘，长时间面对面，容易导致斑点与皱纹
电脑椎	上班族、高层管理、休息者都以电脑为中心，时间过长引起颈椎病	颈部疼痛、僵硬、颈部肌痉挛、颈活动困难
加班眼	长时间注视荧光屏的闪烁引起眼疲劳	视觉模糊、视力下降，眼睛干涩发痒、灼热、疼痛和畏光，眼自洁能力减弱
鼠标手	操作电脑时，由于键盘和鼠标有一定高度，手腕必须随之弯曲，导致腕部处于强迫体位，时间过长，就导致"重复性压力伤害"	食指和中指僵硬、麻木，拇指肌肉无力，腕部肌肉或关节麻痹、肿胀、疼痛
短信指	拇指频繁发短信而患上"扳机指"症	拇指酸痛无力
沙发臀	长时间窝在沙发里或坐着	容易产生臀部扁平、脊椎受损等症状
MP3耳	高分贝音乐直接灌入使用者耳朵，长期使用可能是导致听力缺失	对神经末梢产生刺激，引起听神经异常兴奋，容易造成听觉疲劳，时间长了会对耳膜造成伤害
老头腰	长时间对着电脑工作，为了舒服，姿势不对	腰椎间盘突出症

图 6-25　现代人屏幕脸

图 6-26　信息产品病

二是身体的隐形危机。信息技术突飞猛进的今天，人们被信息产品包围得严严实实，时刻身陷电子辐射环境。从家庭电子产品（微波炉、手机、电视机、空调、电冰箱）到办公室自动化（电脑、无线网络、扫描等），这些产品直接或间接地影响着身体健康。当然，若日常生活中的产品辐射不超标，对人体影响会很微弱，但如果环境中的电子产品太多，辐射过密、产品质量不合格时，其影响会很大，而且是隐形伤害。电磁辐射对人体危害主要有热效应、非热效应和累积效应等。热效应指人体水分子受辐射后产生摩擦，影响身体的正常代谢；非热效应指人体自身的微弱磁场受强磁场干扰失去平衡；累积效应指人体反复受辐射引起热效应和非热效应后，逐渐失去自我修复能力，长久累积后形成永久性病态。（图 6-27）

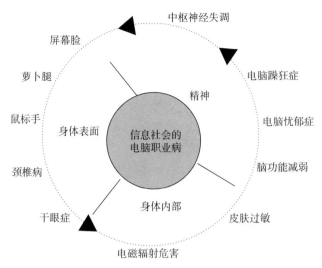

图 6-27　信息社会危害

　　因为电子辐射无形和危害缓慢，虽然成为信息社会的新危机，但没有引起人们足够的重视。过多刺激会导致记忆减退、注意力不集中等信息社会病。当前人们常常有这样的状态：精神焦虑、易怒，上班忘带手机、没有电脑会惴惴不安，有事没事总想看看信息，坐在一个地方就不自觉地打开电脑或玩弄手机，对各种信息都有强烈的渴求。

　　据统计，长时间使用电脑的人群有多种不适应症状。（如图6-28、图6-29、图6-30）据英国研究机构发现，经常受辐射的人比普通人更易生病，电子辐射还会破坏生育能力，使幼儿大脑发育迟缓，这是导致人类不可持续发展的危害。

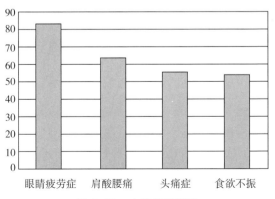

图 6-28　电脑使用影响

图 6-29　电脑辐射

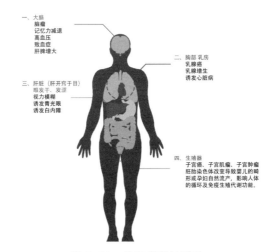

图 6-30　信息辐射的影响

　　除了对身体的无形伤害，电子产品依赖还造成人的懒惰和传统技能、社交能力退化，《东方时空》曾做过一个小测试，让中学生、大学生写"尴尬"两字，但都没写对，这是因为习惯电脑打字后，很少动手写字，而且游戏、电视成为生活主要娱乐，阅读时间严重减少，造成文化感遗失、生活技能钝化。

　　其次，从信息产品对生态与社会可持续影响来看，一方面，传统污染仍然存在，一次性产品、噪音污染、资源枯竭、气候异常成为当前突出的环境危机；另一方面，伴随信息产业的飞速发展，人们正承受电子垃圾带来的困扰，电视、电脑、手机、音响等产品废旧时都属于电子垃圾。

在瞬态消费的后工业社会，技术更新和产品换代的加快正形成严重的电子污染问题，电子污染指电子产品对环境产生的污染（图6-31、图6-32、图6-33），是21世纪的一种新型污染，电子产品含有重金属及有机污染物，会严重影响人体血液系统、内分泌系统。全球每年电子垃圾达5亿吨，而且，电子垃圾很难处理，填埋后有毒物会渗入泥土，焚化后会释放大量污染气体。所以，环保专家警告道：无论怎么处理电子垃圾，其产生的有害物都对环境造成污染，都是一种隐性杀手。如何解决电子产品对环境造成的负面影响？如何帮助处理人与自然、电子污染等问题？……是设计在后工业社会的责任所在，这些都是人类智能化生存和智能化设计所面临和亟待解决的重要问题。

图 6-31　电子垃圾

图 6-32　电子垃圾

图 6-33　电子产品剧毒重金属

二、设计对人与环境的未来责任

如何解决后工业社会的技术伤害、生态与环境问题，并不仅仅是政府和企业的事，从问题产生来看，信息技术的利弊需要以未来眼光审视，设计也要肩负起这份社会责任，即设计不仅关注解决产品现存问题，还应考虑未来整体，引导技术发展，要从责任伦理的角度考虑结果、代价、机会，以构建一种适合高科技社会的设计责任。当前，随着人们对短暂性设计的批判和社会责任感提升，可持续设计是对未来责任的一种实践，设计的可持续责任原则表现为以下几方面：

首先，后工业社会设计趋向"以少做多"的可持续原则。具体方式有：

（1）"越少越好"，基于"自然资本"理解产品使用，所谓"自然资本"，指在商业背景下考虑社会和自然资源价值，强调从生产、消耗和浪费角度反思设计，很多物品在设计中被给予复杂功能和环保技术，但消费者却经常只用到其中某几项功能，因嫌麻烦或不会操作闲置了其他功能。所以，一种常见的物品现象是：当物品效率提高，浪费减少时，也许又会出现其他形式的浪费，甚至浪费数量更多。如本书第四章提到的智能电饭煲设计，因为功能太多和复杂，很多人受宣传影响购买了产品，但拿回家很少使用，又另外买一个简单的煮饭锅。再如信息产品的待机功耗问题，"待机能耗"指电器不断电源，处于工作等待状态时所耗费的电能。电器都有待机能耗，从空调、电脑、打印机、电视机到微波炉、洗衣机、消毒橱柜等。本来，待机功能的出现是为了方便使用，但现在，这种便利促使消费者逐渐养成待机习惯，看似不起眼的微弱能耗，却造成了大量电能浪费。据国际经济合作组织（OECD）的调查显示：各国待机耗能量约占总能耗的 3%~13%，我国城市待机耗能达到 10%。所以，人工合成物品与自然制品不同，一般来讲，自然界产生的任何废弃物都有被利用和转换的其他价值，而人工制品只能被填埋处理，人们不能任意索取。事实上，人类"不仅把环境当作一个资源不竭的仓库，任意索取资源，更把环境当作一个没有容量限制的垃圾桶。"[①]后工业社会的设计责任要基于自然资本理解，从消耗角度设计物品的可持续。

（2）从一次性设计到基于共享模式的可持续设计，从服务中获得更好的功能、价值与关系，"共享"指将物品或信息与他人分享使用。基于共享模式的设计是一种有效的可持续发展方式，与传统的产品拥有和使用方式相比，共享设计是在产品设计的基础上，以共享服务为产品支撑，建立起以共享为中心的使用系统，不仅能提高资源利用效率，还能满足信息社会的个性化消费需求，使产品在功能与形式之外也能做到最大限度的人性化与环保，特别是信息产品的使用上，共享服务设计已经成为一种潮流和模式。

租赁、产品系统更新、数字下载等都是共享模式，是一种有责任感的设计与消费理念。设计领域逐渐导入这种方法，如瑞典电器巨头伊莱克斯（Electrolux）设计实验室针对人们的工作与生活特点、社区环境和洗衣需求，把洗衣机创新设计定位为租赁服务，设计了一套社区公共洗衣系统，以解决洗衣烦恼为目标，将智能洗衣产品、洗衣等待区、邻里交流区等连接起来，形成完整的洗衣服务过程，不仅达到清洁、节能、环保目的，还加强了洗衣乐趣和人际关系。这种基于服务共享理念的设计，不仅有助于解决资源紧张、信息泛滥、情感疏远等社会与生态问题，也是设计在信息

---

① ［美］谢卓夫著：《设计反思：可持续设计策略与实践》，刘新等译，清华大学出版社 2011年版，第 55 页。

社会的发展趋势和责任原则之一。

其次，基于"产品再创造"的使用性设计。"再创造"也叫再设计（Re-design），最早由日本设计师原研哉提出，这里包含了两层含义，一是基于可回收、再循环理念，更新功能和拆解设计，将物品放入"资源——产品——再生产品"的流通与使用方式中，当然，这种循环只是相对减少资源浪费，如把废旧牛仔裤变成个性储物袋等，目的是延长产品或材料的使用周期，尽可能减少环境破坏。另一层含义是基于使用习惯和正确方式的再设计，通过功能、造型、结构上的人机调整，使之更合理，减少产品使用对人的慢性伤害。又如英格巴特发明的鼠标，实现了计算机使用大众化，但人们长期使用鼠标导致"鼠标手"病，这主要是鼠标设计没有长远预测可能的使用习惯和慢性影响，需要设计师重新根据使用习惯改变人的操作方式，使之更安全和健康，图 6-34 是一款防疲劳鼠标再设计，优化了操作方式。

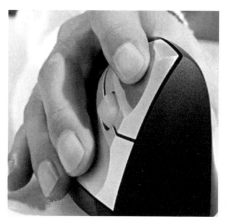

图 6-34　防疲劳鼠标

图 6-35　Titan 洗衣机设计

此外，功能和结构的再设计还能有效缓解能源和污染困境，如图 6-35 英国一款 Titan 洗衣机设计，其大小跟普通洗衣机一样，但通过加大滚筒直径，增加一个独特的活动式洗衣篮，使每一次洗衣量比普通洗衣机增加 40%。另外，Titan 洗衣机设计了一种节水式"强力喷淋"系统，这个系统并没有高技术创新，而是组合了一个加热贮水器和一台高效率水泵，水加热后通过有源喷射系统反复循环，如此再设计洗衣机不仅洗衣量增大，还更加节水节能。

其三，基于产品生命周期的过程设计。所谓"产品生命周期"指产品从原料、加工、包装、销售、使用、废弃处理的整个过程，认为产品像人一样，也存在诞生、成长、成熟、衰退的生命周期。20世纪中期以来，随着环境问题被关注，以3R为理念的绿色设计兴起，虽然一定程度上起到了环境保护作用，但由于是孤立、局部的寻找绿色办法，有时候适得其反，当时流行一时的纸质品设计，从产品生命周期看，造纸过程中很浪费水和木材，制造纸本身就是污染产业，废弃纸的回收、运输和再加工也存在很多问题。到21世纪初，可持续设计作为更新的责任原则被提出，强调从整体系统的角度解决绿色环保问题，也即基于生命周期的设计。设计考虑了环境因素的各个方面，核心是把产品可能影响的环境、人体健康、功能、材料等综合考量，物品既满足使用功能，也能减少从生产到使用全过程的不良影响，把可持续发展的解决办法从"末端"转向"源头"。

第四节　服务原则：超越"物"的设计

一、非物品层面的设计思考

唐纳德·肖恩（Donald Shaun）认为设计师应被看作"反思实践者"，应从技术理性转移至反思行为理性。这句话暗示了设计在非物层面的思考，即围绕物品的服务与行为方式思考。

丹尼尔·贝尔（Daniel Bell）指出：后工业社会的首要特征是产品经济向服务经济转变，以服务和舒适来界定生活质量，这是社会发展的又一个阶段。事实也是这样，从早晨起床、吃早餐、出门乘坐公共交通到下班休息的整个过程都以服务为支撑展开，衣食住行中处处包含社会服务：餐馆、酒店、公共场所、商店、银行、文化机构、机场、公共交通……服务好坏成为影响社会运行的重要问题。

所谓服务，指为客户提供信息、材料、产品、体验等内容的过程，1960年，美国营销协会对其定义为"可独立出售或与商品共同出售的行为、利益或满足"。著名服务专家泽斯曼尔将"服务"简括为：行动、过程和表象。服务的形式包括提供有形产品、无形产品、创造氛围和体验、满足心理情感的活动。

现在，我们经常抱怨交通堵塞、空气污染，这些都与产品设计和服务相关，有些问题的产生不仅是设计原因，更是服务缺失导致，如自行车出行减少，除了自行车设计问题，还有城市道路服务不完善的问题。据人民报调查，当前人们一边支持绿色出行，一边选择汽车做代步工具，不考虑汽车的舒适优势，人们之所以不选择自行车，还有远距离骑车很累、自行车维修麻烦及停车不方便、行车不安全等原因，但丹麦几乎人人拥有一辆自行车，丹麦人愿意骑车归功于服务设施的方便。街道都有专门的双向自行车道（图6-36），甚至车道方向还考虑了背风和迎风，在交叉路口，用蓝色将自行车道明显标示，以保证骑车人安全（图6-37）。此外，地铁站、商场、机构等附近都有免费停放处，停车存放架设计精致、使用方便，既节省空间，也不会轻易被风刮倒。（图6-38）

图6-36　自行车专用道　　　　　图6-37　专用信号

图6-38　停车设计

中国科学院可持续发展战略研究组《2010中国新型城市化报告》指出：最大的城市也是上下班最费时的城市。细究公共出行问题产生的原因，不仅仅是交通工具数量、线路、车辆的问题，还集中在城市规划、交通设施管理、交通参与者问题等，这些方面合起来就是如何设计好出行服务行为和方式的问题。

再如前面章节中IDEO对零钱存放的设计，设计师们没有简单设计一个储钱罐来解决问题，事实上，储钱罐里的零钱在使用时仍然很麻烦，所以，他们建议美国银行增加零钱存储业务，帮助消费者"存零为整"，真正解决了大把零钱的麻烦。

这些案例说明了设计不仅仅是帮助解决产品问题，还需要产品相关服务，因为传统产品观念已不能完全满足后工业社会服务需要，设计要从服务视角解决问题。在当前社会，我们发现物品设计已经出现新的形式，除了企业提供产品，用户购买产品并消费外，还出现了以服务为主导，产品为载体的设计与消费方式，用户按服务付费，服务与产品配合协作、缺一不可。如苹果Itunes Store为数字音乐产品Ipod提供网上下载和软件服务，改变了产品与听音乐的服务方式。

可见，后工业社会设计一方面从消费者出发，探索体验与服务需要，创造一种能够扩充人的生存经历，并引发人们情感共鸣和深层思考的生活方式；另一方面从企业出发，探索产品转型至服务的新设计模式。服务理念的提出，旨在对工业社会的设计模式进行反思和批判，重新认识商业系统下的设计角色和身份。

二、围绕产品展开的服务责任

后工业社会需求既反映在具体物品上，也反映在围绕产品的服务上，优秀物品设计既与技术有关，还与产品号召的生活方式相关，设计对象从物品到服务，并由此衍生出服务责任。从责任伦理角度看，代表着设计从纯粹商业工具转变为社会责任层面的非物设计，代表着设计从以产品为中心转变到以人为中心的伦理关注。设计服务责任体现在社会公共服务和产品服务两个方面。

首先，设计的社会公共服务责任。工业社会的设计主要解决设计与制造、市场、商业间的适配关系，以客户立场为唯一标准，设计扮演着工具属性和商业价值角色，但20世纪后半期以来，这种设计模式遭到强烈质疑，设计标准和重心越来越加重社会利益的考量，设计思考跨越专业边界，产品被理解为服务载体。

公共服务设计扩大了设计关注和思考，从刺激生产与消耗的主张转向强调有价值生产与流通，以解决"社会问题"为目标，给予了设计主动性和改良社会的责任思考能力，设计结果不一定是某个产品，可以是一种方法、程序、制度或一种服务，在基于社会综合效益基础上追求经济效益最大化，代表着"一种新的实践形式"。

IDEO在《为了社会效应的设计》中说道："用设计思维解决复杂问题时也能发挥功效"。如增加顾客对旅馆的居住好感，提升人们去银行存钱的意愿，增加机场安全和融资效率等，后工业设计不断扩大应用领域，以解决各种社会性难题。早在20世纪90年代，英国政府就推行和应用了服务设计理念，把设计方法融入社区改造、社会服务管理中，如英国设计委员会（Design Coucil）在波尔顿施行的糖尿病人护理服务设计。

现在，打开IDEO、frog design网站，或看其他媒体报道，就会发现现在已经很少直接谈论"产品设计"，而喜欢使用"Design Thinking"和"Design Mind"概念，他们更关注社会问题，如Health Care、社会创新、文化等，著名的设计类博客"Design Observer"也有很大一块版面用于谈论那些"改变世界"的设计。IDEO总裁布朗·蒂姆在TED Global 2009的演讲主题是"Why Design is Big Again"，认为设计思维可以帮助解决全球变暖、教育、医疗等问题。

所以，在后工业社会里，优秀设计公司通过设计思考和服务设计帮助解决了很多有社会意义的问题。如IDEO曾用服务设计方法帮助新加坡移民局解决了民众抱怨问题，长期以来，移民们办理手续需要长时间等待，导致人们对移民局的满意度很低，IDEO来到政府大厦实地观察后，找出了问题所在，着手设计了一个新的实体空间（河畔大厦），改变了传统等待大厅和座椅设计，并改进移民服务方式，访客踏入新加坡之前，可以先网上预约，到移民局后，在大厅听到员工呼叫再办理业务，旁边还设计了玩耍区供小孩休息，整个设计从实体到服务流程都作了改进，提高了服务质量，获得了较高满意度。

其次，产品服务责任指为协作的产品设计。服务设计跳出以产品为中心的设计理念，转向以人为中心，包括过程和系统的设计。曾看过这样一个故事，某服饰企业经理在商场暗访时，看见一位女士虽然试了他们企业的新款，但没买，于是上前询问理由，女士回答说："它无法配我的鞋子和首饰！"这个故事说明了物品不再只是使用功能。

工业社会发展历程告诉我们，不适当的设计无助于问题解决，反而会加剧危机。设计责任不仅在于物质化的产品创新，更在于探索一种整体化的个人服务方案来鼓励和引导新的价值观和消费行为，体现设计在可持续社会转型、信息社会适应过程中应有的角色，即从"形式供应商"转变为"利益协调人"，从单纯设计产品转向提供产品服务。

如 2001 年苹果公司设计第一款 iPod 音乐播放器时，一改仅仅销售产品的传统模式，为消费者配套了 iTunes 网上音乐点播商店，以最低的价格提供歌曲下载，从服务整合的角度解决了消费者有产品而使用受限的问题。此后，iPhone 网上服务平台更是满足了手机个性化服务，用户从中不断得到乐趣和惊喜。

设计以产品为载体，消费者根据需求选择性调整使用方式，寻找更好和更创新的体验。正如德鲁克所言："企业就是提供激发顾客需要的产品和服务。"苹果设计从纯粹的消费电子产品生产商转向以产品为载体的服务提供商，服务设计已成为人性化的一种有效方式，这也是乔布斯的理念：苹果产品是协助人们解决问题的个人工具。

从设计的可持续视角来看，设计协作服务的方式也是对环境责任的回应，设计从物向服务倾斜具有积极的责任意义。如麻省理工学院和青蛙公司合作设计了一个新产品，消费者缴纳少量费用后，可以通过网络下载所需物品的制造软件，使用可重复材料制造物品，这款概念产品可循环使用材料喷制成立体产品。当拥有这样的终端设备后，人们就能自己设计所需物品，那将是信息产品可持续设计的全新革命。

当前，国际可持续设计网络联盟（LeNS）、社会创新与可持续设计（DESIS）、产品服务系统（Product Service System）等都是基于服务理念的设计研究，将服务导入设计系统，更新产品生产和消费模式，最终实现可持续目标。

结　论

　　微电子、智能化等信息技术的应用为后工业社会变革提供了技术基础，特别是进入 21 世纪，信息浪潮在生活领域"无孔不入"，物品都被赋予信息功能。现代设计也不可避免地发生了很多变化，这种变化为生活带来积极效应，人们沉浸在信息化惊喜中。反之，关于信息社会的设计责任思考却显得较少。本书认为后工业社会的设计责任已经超越物品层面，被时代赋予信息化、人性化、社会化内涵，走向适应、平衡、可持续、服务的责任要求。

一、设计在后工业社会情境中的新特征

　　本书通过对后工业社会情境和设计发展的梳理，勾勒了设计的社会图景，为深入理解设计责任的时代演变和新原则提供了背景框架。

　　首先，描述了后工业社会的新情境，表现为信息与技术的短暂性、情感与体验的新奇性、全球化与文化多样性、人与环境的适应性四个方面。科技短暂性引起人与物品、空间、人、组织的交往缩短，人们逐渐习惯于智能化产品和交互性沟通；经济新奇性造成高便利、高消费、高节奏的生活刺激，高情感与心理体验成为物品设计关键；文化多样性带来社会亚文化现象，人们因选择过多变得无所适应；信息与环境的巨变正迫使人们努力适应社会和新的生活方式。

　　本书还探讨了后工业社会伦理变迁及设计伦理的演变。信息技术加剧了"物质丰裕"与"道德退化"的间距，自工业社会以来，占据世界主导的西方伦理学推崇分析哲学范式，强调语言逻辑或理想行为模式的道德研究，完全忽视科技的负面影响和社会问题，但社会领域中的伦理问题决不是语言分析、伦理规则如何生成、德性如何给定的问题，而是具体专业领域的伦理实践问题，应用伦理学及责任伦理由此兴起，积极探讨科技、生

命、生态、情感和日常生活中的实际伦理困境。

与此同时，设计在后工业社会中深受社会情境及哲学反思的影响，从20世纪60年代开始，各种设计运动出现，要求打破工业社会的严肃，反权威、反技术中心、反理性约束，强调新的伦理规范。努力探索与信息时代特征相符合的设计思想与风格，倡导关注社会和环境，进行伦理上的反思和责任重建。此外，物品设计逐渐从传统产品走向普适计算、物联网、多功能和智能化，产品形式和功能在信息交互里融为一体。

在此情境下，设计重新定义物品概念，从技术、材料、形式等"物质"问题扩展到对人的认知、行为和环境的关系问题，产品变成"有思想的机器"，设计需求演变为对社会与人的关系认知，设计者不再只是单纯的设计和创造任务，还有整合能力和社会责任观念，设计超出衣食住行的生活和生产范畴，延伸到社会公共产品、服务和非物领域。

二、设计责任在后工业社会的伦理与实践基础

本书从比较传统道德与责任伦理的差异入手，分析了传统道德注重近距离、当下性、分散性，是一种事后和消极的责任判断，具有抽象性。而责任伦理强调远距离、整体性分析，事前积极预防和主张责任具体到实践中，责任伦理更符合设计在当前社会发展中的伦理需要，可以作为传统道德在信息社会的设计伦理补充。

在理解了设计与责任伦理关系后，结合设计领域的实践案例和责任困境分析，以当前普遍认可的设计评价标准和设计组织、企业设计行为佐证了设计的责任伦理趋势。在此基础上，重点从设计责任的思想基础和承担主体两方面论述了设计责任。设计责任思想基础主要包括设计演变中对责任的日益突出，责任伦理在设计领域的实践及意义，社会契约与利害相关者研究对设计责任的规范化；设计责任的承担主体包括基于责任自律的设计行为者，责任他律的责任分担者和责任期望的设计消费者。

三、后工业社会设计责任的新变化

受后工业社会巨变及社会思潮影响，设计活动及责任思考有了很多新变化：

首先，从物到非物的设计责任。表现在物品从复杂结构设计走向复杂逻辑设计、产品从肢体操作设计走向触摸虚拟设计、从物品功能设计走向服务方式设计。

其次，设计责任的内向化。表现在物品与人的关系设计由形态结构转向情感体验，形式与功能的关系淡化，物品思想化；物品与社会的关系设计由功能提供走向社会责任满足（生态和伦理），物品责任化；物品与文化的关系设计由商业附属价值转向亚文化认同（群体归属感设计），物品亚文化。

再次，设计责任的边界扩展。一是设计的整体干预责任，从可听、可感的声音、味道、到无形的服务、信息，从衣食住行到社会贫困、环境保护等都成为设计对象，设计方法可以广泛应用到社会领域。同时，设计越来越成为跨领域团队合作，设计责任不仅仅是设计师个人。二是设计责任的远距离化，信息技术使人类活动范围与影响越来越宽广和深入，一个扁平化世界形成，"全球化"影响在生活中无处不在，设计被要求具有全球责任意识和对未来负责。此外，物联网、互联网生活模式下的物品设计远离人与物的单一性和真实操作关系，物与物、物与人都被虚拟化、远程化、关联化，设计责任走向远距离。

最后，除了设计责任的新变化，设计实践中存在着"责任分散效应"问题，设计责任的实现也要考虑应用情境的影响，文中分析了设计责任情境的三个维度，即社会维度从差序关系走向团体关系、关系维度从"义""利"走向"公"、现实与虚拟维度。最后总结了当前广泛存在的四种设计责任行为（责任履行、责任转嫁、责任放弃、责任拒绝），提出设计责任的日常生活维度。

四、设计在后工业社会的责任原则

设计原则建立在社会发展和人的需要基础上，后工业社会的技术发展、生活方式及价值标准的变化，决定了设计对象及责任内容。基于对后工业社会与设计发展的研究，本书归纳了四个设计责任原则：

适应原则：产品智能给人焦虑和孤独感，造成物品使用的巨大压力，包括数字鸿沟的排斥、人机人交流、信息产品"绑架"，要从适应角度设计为交流认知与共享的物品。包括容易选择、从幕后走向前台、适当放弃、减少记忆原则。

平衡原则：人们经历着层出不穷的新技术适应过程，导致内心认知与社会真实断层，在媒体与信息充斥的社会里，人们习惯于躲在数字产品后面交流和处理事情，情感沟通以程序和符号完成。此外，"亚文化爆炸"增加了选择机会，也干扰了判断能力，而信息产品的便捷也使人们失去参与生活的机会，变得麻木和简单，人对信息环境不适应和失落表现得很明显。

人们渴求用情感来均衡技术的硬性，通过设计可以缓和产品和技术压力外化的负面情绪，本书尝试归纳了设计平衡原则，包括从低情感到可参与的设计合作、有归属感设计、能带来回忆／思考三个内容。

可持续原则：信息技术既改变和方便了生活方式，也带来不可持续的负面效应，表现有：身体的显现危机，如屏幕脸、电脑椎、加班眼、鼠标手、短信指等；身体的隐形危机，人们被信息产品包围，导致记忆力下降、注意力不集中、精神焦虑、易怒等信息社会病；电子产品依赖症还造成人的慵懒，加速人的传统技能退化。此外，电子污染问题日渐严重。

所以，可持续是一种未来责任，其内容包括：一是"以少做多"的可持续原则，基于"自然资本"理解产品使用，从一次性设计到基于共享模式的可持续；二是"产品再创造"的使用性设计，减少产品使用对人的慢性伤害；三是基于产品生命周期的过程设计。

服务原则：后工业社会的首要特征是服务转变，物品设计既与技术有关，还与产品号召的生活方式相关，出现了以服务为主导，产品为载体的设计与消费方式，后工业社会提出服务设计理念，意在对设计模式进行反思和批判，重新认识商业系统下的设计角色和身份。其设计原则包括：一是设计的公共服务责任，以解决"社会问题"为目标，增加设计独立性、主动性及改良社会的责任思考与可能性探索；二是产品服务责任，设计从产品到协作服务的转向能帮助解决环境与人的问题。

参考文献

［1］王岩峻.庄子［M］.吉云译.太原:山西古籍出版社 2006 年版.

［2］林德宏.人与机器［M］.南京:江苏教育出版社 1999 年版.

［3］冈特·绍伊博尔德.海德格尔分析新时代的技术［M］.宋祖良译.北京:中国社会科学出版社 1993 年版.

［4］让·波德里亚.消费社会［M］.刘成富译.南京:南京大学出版社 2006 年版.

［5］凡勃伦.有闲阶级论［M］.钱厚默等译.北京:商务印书馆 2004 年版.

［6］艾伦·杜宁.多少算够:消费社会与地球的未来［M］.毕聿译.长春:吉林人民出版社 1997 年版.

［7］朱红文.工业、技术与设计［M］.石家庄:河北美术出版社 2000 年版.

［8］柳冠中.苹果集:设计文化论［M］.哈尔滨:黑龙江科学技术出版社 1995 年版.

［9］丹尼尔·贝尔.后工业社会的来临:对社会预测的一项探索［M］.高铦等译.北京:新华出版社 1997 年版.

［10］阿尔文·托夫勒.第三次浪潮［M］.黄明坚译.北京:中信出版社 2006 年版.

［11］约翰·奈斯比特.大趋势:改变人类生活的十个新方向［M］.孙道章等译.北京:新华出版社 1984 年版.

［12］阿尔文·托夫勒.未来的冲击［M］.蔡伸章译.北京:中信出版社 2006 年版.

［13］齐格蒙特·鲍曼.个体化社会［M］.范祥涛译.上海:上海三联书店 2002 年版.

［14］齐格蒙特·鲍曼.后现代伦理学［M］.张成岗译.南京:江苏人民出版社 2003 年版.

［15］大卫·雷·格里芬.后现代精神［M］.王成兵译.北京:中央编译出版社 2011 年版.

［16］艾耶尔.语言、真理与逻辑［M］.尹大贻译.上海:上海译文出版社 1981 年版.

［17］德斯蒙德·莫利斯.动物园效应［M］.何道宽译.上海:复旦大学出版社 2010 年版.

［18］袁熙旸.新现代主义设计［M］.南京:江苏美术出版社 2001 年版.

［19］甘绍平.应用伦理学前沿问题研究［M］.南昌:江西人民出版社 2002 年版.

［20］蒂姆·布朗.IDEO:设计改变一切［M］.侯婷译.沈阳:万卷出版公司 2011 年版.

［21］维克多·马格林.人造世界的策略:设计与设计研究论文集［M］.金晓雯译.南京:江苏美术出版社 2009 年版.

［22］况志华,叶浩生.责任心理学［M］.上海:上海教育出版社 2008 年版.

［23］阿格妮丝·赫勒著.日常生活［M］.衣俊卿译.重庆:重庆出版社 1990 年版.

［24］埃里希·弗罗姆.健全的社会［M］.孙恺详译.贵阳:贵州人民出版社 1994 年版.

［25］沃尔夫冈·韦尔施著.重构美学［M］.陆扬等译.上海:上海译文出版社 2002 年版.

［26］荆雷.设计艺术原理［M］.济南:山东教育出版社 2002 年版.

［27］维克多·马格林.设计问题:历史·理论·批评［M］.柳沙等译.北京:中国建筑工业出版社 2010 年版.

［28］王受之.世界现代设计史［M］.北京:中国人民大学出版社 2002 年版.

［29］沃伦·贝格尔.像设计师一样思考［M］.李馨译.北京:中信出版社 2011 年版.

［30］库珀,赖曼.软件观念革命:交互设计精髓［M］.詹剑锋等译.北

京：电子工业出版社 2005 年版．

［31］谢卓夫．设计反思：可持续设计策略与实践［M］．刘新等译．北京：清华大学出版社 2011 年版．

［32］玛格丽特·A·罗斯．后现代与后工业：评论性分析［M］．张月译．沈阳：辽宁教育出版社 2002 年版．

［33］阿摩斯·拉普卜特．建成环境的意义：非言语表达方法［M］．黄兰谷等译．北京：中国建筑工业出版社 2003 年版．

［34］理查德·布坎南，维克多·马格林．发现设计［M］．周丹丹等译．南京：江苏美术出版社 2010 年版．

［35］约翰·沃克，朱迪·阿特菲尔德．设计史与设计的历史［M］．周丹丹等译．南京：江苏美术出版社 2011 年版．

［36］丹尼尔·米勒．物质文化与大众消费［M］．费文明等译．南京：江苏美术出版社 2010 年版．

［37］唐纳德·A·诺曼．设计心理学［M］．梅琼译．北京：中信出版社 2010 年版．

［38］唐纳德·A·诺曼．设计心理学：如何管理复杂［M］．张磊译．北京：中信出版社 2011 年版．

［39］汤姆·凯利，乔纳森·利特曼．创新的艺术［M］．李煜萍等译．北京：中信出版社 2010 年版．

［40］梁梅．信息时代的设计［M］．南京：东南大学出版社 2003 年版．

［41］伯恩哈德·E·布德克．产品设计：历史、理论与实务［M］．胡飞译．北京：中国建筑工业出版社 2007 年版．

［42］王明旨．工业设计概论［M］．北京：高等教育出版社 2007 年版．

［43］张夫也．外国设计简史：现代艺术设计思潮［M］．北京：中国青年出版社 2010 年版．

［44］何人可．工业设计史［M］．北京：高等教育出版社 2010 年版．

［45］李砚祖．外国设计艺术经典论著选读［M］．北京：清华大学出版社 2006 年版．

［46］唐纳德·A·诺曼．情感化设计［M］．付秋芳等译．北京：电子工业出版社 2005 年版．

［47］布鲁克斯．布波族：一个新社会阶层的崛起［M］．徐子超译．北

京：中国对外翻译出版公司 2002 年版.

［48］许平.设计真言：西方现代设计思想经典文选［M］.中央美术院设计学院史论部译.南京：江苏美术出版社 2010 年版.

［49］马克·第亚尼.非物质社会：后工业世界的设计、文化与技术［M］.滕守尧译.成都：四川人民出版社 1998 年版.

［50］乔治·H·马库斯.今天的设计［M］.张长征等译.成都：四川人民出版社 2010 年版.

［51］B.约瑟夫·派恩,詹姆斯·H.吉尔摩.体验经济［M］.毕崇毅译.北京：机械工业出版社 2012 年版.

［52］托马斯·弗里德曼.世界是平的［M］.何帆等译.长沙：湖南科学技术出版社 2009 年版.

［53］马尔科姆·格拉德威尔.引爆点：如何制造流行［M］.钱清等译.北京：中信出版社 2009 年版.

［54］尼葛洛庞帝.数字化生存［M］.胡泳等译.海口：海南出版社 1997 年版.

［55］唐纳德·A·诺曼.好用型设计［M］.梅琼译.北京：中信出版社 2007 年版.

［56］杰里米·里夫金.第三次工业革命：新经济模式如何改变世界［M］.张体伟译.北京：中信出版社 2012 年版.

［57］京特·安德斯著.过时的人［M］.范捷平译.上海：上海译文出版社 2010 年版.

［58］齐格蒙特·鲍曼.生活在碎片之中：论后现代道德［M］.郁建兴等译.上海：学林出版社 2002 年版.

［59］葛洛蒂.数字化世界:21 世纪的社会生活定律［M］.北京：电子工业出版社 1999 年版.

［60］斯各特·拉什.信息批判［M］.杨德睿译.北京：北京大学出版社 2009 年版.

［61］李彬彬.设计效果心理评价［M］.北京：中国建筑工业出版社 2005 年版.

［62］田秀云,白臣.当代社会责任伦理［M］.北京：人民出版社 2008 年版.

〔63〕程东峰.责任伦理导论〔M〕.北京:人民出版社 2010 年版.

〔64〕克莱·舍基.认知盈余〔M〕.胡泳译.北京:中国人民大学出版社 2011 年版.

〔65〕凯文·凯利.技术元素〔M〕.张行舟等译.北京:电子工业出版社 2012 年版.

〔66〕欧文·戈夫曼.日常生活中的自我呈现〔M〕.冯钢译.北京:北京大学出版社 2008 年版.

〔67〕刘新.好设计,好商品,工业设计评价〔M〕.北京:中国建筑工业出版社 2011 年版.

〔68〕杰伊·格林.设计的创造力〔M〕.封帆译.北京:中信出版社 2011 年版.

〔69〕陶东风,胡疆锋.亚文化读本〔M〕.北京:北京大学出版社 2011 年版.

附　录

图表资料来源

［1］图 1-1　情境、伦理与责任 . 本研究制图 .

［2］图 1-2　论文框架结构图 . 本研究制图 .

［3］图 2-1　AOCL42BN83F 液晶电视 . 家电在线 . http：//www.hdol.cn.

［4］图 2-2　联想 ideacentre B500 一体机 . 新浪科技 . http：//tech.sina.com.cn.

［5］图 2-3　三星 P1000 手机 . 新浪科技 . http：//tech.sina.com.cn.

［6］图 3-1　照明技术的进步与灯具设计演变 . http：//www.nipic.com.

［7］图 3-2　Gladis 沙发 . 龙觉资讯 . http：//www.2ndvisual.com

［8］图 3-3（a）（b）海洋生物椅 . 龙觉资讯 . http：//www.2ndvisual.com

［9］图 3-4　键盘伤害 . http：//www.it.com.cn.

［10］图 3-5　自动挤牙膏器 . http：//world.people.com.cn

［11］图 3-6　智能饭筒 . http：//world.people.com.cn.

［12］图 3-7　智能垃圾桶 . http：//world.people.com.cn.

［13］图 4-1　工业设计定义的演变 . 本研究制图 .

［14］图 4-2　设计责任的利害相关者 . 本研究制图 .

［15］图 4-3　责任原则的三个前提 . 本研究制图 .

［16］图 4-4　设计在不同发展阶段的责任中心 . 本研究制图 .

［17］图 4-5（a）（b）（c）责任分散效应在等车中表现 . http：//hi.baidu.com.

［18］图 4-6　差序关系到团体关系 . 本研究制图 .

［19］图 4-7　盲人上网辅助设备 . 创意时代网 . http：//www.novotimes.com.

［20］图 4-8　物品责任情感 . 本研究制图 .

［21］图 4-9（a）（b）网状磁力救生圈 . 广东文化网 . http：//www.gdwh.com.cn.

［22］图 4-10　葛莱婴儿车设计缺陷 . http：//www.pinjj.com

［23］图 4-11（a）（b） 强生婴儿口服液瓶盖设计缺陷.医药日报 http：//chinese.medicaldaily.com

［24］图 4-12（a）（b）（c） 不负责任的房地产广告设计.http：//tieba.baidu.com.

［25］图 4-13 美泰玩具小磁铁设计问题.http：//info.toys.hc360.com.

［26］图 4-14（a）（b） 山寨设计的缺陷.http：//mo.zzit.com.cn

［27］图 4-15（a）（b） 四角卫生卷纸设计.http：//www.izhsh.com.cn.

［28］图 5-1 多功能智能电视.http：//www.88248.cn

［29］图 5-2（a） Nike+FuelBand 腕带.http：//luxury.wincn.com.

［30］图 5-2（b） Nike+ 社区.http：//nikeplus.nike.com.

［31］图 5-3（a） 手机使用习惯.http：//www.guokr.com

［32］图 5-3（b） 手机使用习惯.http：//www.wabei.cn

［33］图 5-3（c） 手机使用习惯.http：//sohu.com

［34］图 6-1 设计的时代性与指向性.本研究制图.

［35］图 6-2（a） http：//www.hackbase.com

［36］图 6-2（b） http：//www.sz-news.com.cn

［37］图 6-2（c） http：//t.xmnh.com

［38］图 6-3 google 门户.http：//www.google.com.

［39］图 6-4 铁道部购票网门户.www.12306.cn

［40］图 6-5 苹果 imac 电脑.http：//news.mydrivers.com.

［41］图 6-6 Window Phone 概念手机.http：//telecom.chinabyte.com.

［42］图 6-7（a）（b） USB 防呆设计.http：//tech.xinmin.cn.

［43］图 6-8 USB 梯形设计.http：//detail.china.alibaba.com

［44］图 6-9 自然操作方式.http：//www.webjx.com.

［45］图 6-10（a） http：//web.cndesign.com.

［46］图 6-10（b） http：//www.7kxs.com.

［47］图 6-11 世界最简易手机 John Phone.http：//www.pjtime.com.

［48］图 6-12 奔腾（povos）PFF40C-D.http：//detail.cheaa.com

［49］图 6-13 奔腾 PFF40C-D 操作界面.http：//www.dzbzw.com

［50］图 6-14 七巧板书架.http：//www.qiqufaxian.cn

［51］图 6-15 I TRASFORMABILI 100.http：//design-study.gzarts.edu.cn

［52］图 6-16（a）（b） DIY 储物筒 . http：//www.rouding.com

［53］图 6-17 雪糕棒书签 . http：//www.rouding.com

［54］图 6-18 耐克网上定做系统 . http：//www.nike.com

［55］图 6-19 乐高迷年度聚会 . http：//waknow.com

［56］图 6-20 疯狂苹果粉丝 . http：//www.letuwang.com.

［57］图 6-21 排队购买苹果 . http：//it.enorth.com.cn.

［58］图 6-22 苹果文化 . http：//www.zj.xinhuanet.com.

［59］图 6-23 W11K 手机 . http：//www.bobd.cn.

［60］图 6-24 MujiCD 机 . http：//teatime.blog.cd.

［61］图 6-25 现代人屏幕脸 . http：//news.cz001.com.cn.

［62］图 6-26 信息产品病 . http：//www.zjjk.cn.

［63］图 6-27 信息社会危害 . http：//www.zjjk.cn.

［64］图 6-28 电脑使用影响 . 本研究制图 .

［65］图 6-29 电脑辐射 . http：//www.dnkb.com.cn.

［66］图 6-30 信息辐射的影响 . http：//www.fushe119.cn.

［67］图 6-31 电子垃圾 . http：//www.dzsc.com.

［68］图 6-32 电子垃圾 . http：//news.cqnews.net.

［69］图 6-33 电子产品剧毒重金属 . http：//old.jfdaily.com.

［70］图 6-34 防疲劳鼠标设计 . http：//www.ecityking.com

［71］图 6-35 Titan 洗衣机设计 . http：//detail.china.alibaba.com

［72］图 6-36 自行车专用道 . http：//hzdaily.hangzhou.com.cn.

［73］图 6-37 专用信号 . http：//hzdaily.hangzhou.com.cn.

［74］图 6-38 停车设计 . http：//css.au.edu.tw.

［75］表 1-1 中国知网中设计责任研究的统计 . 本研究制表 .

［76］表 3-1 工业社会到后工业社会的设计变化 . 本研究制表 .

［77］表 3-2 走向责任的设计 . 本研究制表 .

［78］表 4-1 德国 IF 工业设计奖评选标准 . 本研究制表 . 资料来源：
http：//www.ifdesign.de.

［79］表 4-2 美国 IDEA 设计奖评选标准 . 资料来源：http：//www.idsa.
org，IDEA2011CriteriaChineseTranslation

［80］表 4-3 日本 G-Mark 设计奖评选标准 . 资料来源：http：//www.

designedu.cn

［81］表4-4　2001汉城工业设计家宣言．资料来源：http：//wenku.
baidu.com

［82］表4-5　传统伦理与责任伦理之"责任"比较．本研究制表．

［83］表4-6　日常生活中的责任分类．表格来源：林远泽．责任伦理
学的责任问题–科技时代的应用伦理学基础研究．台湾哲学研究．2005（5）：
297—343

［84］表4-7　视觉文化和印刷文化．本研究制表．

［85］表4-8　责任消费内容．本研究制表．表格内容参考：辛杰．中
国消费者社会责任消费行为与群体细分研究．南京农业大学学报．2011.11
（5）：37—43

［86］表4-9　乐活族与扣扣族行为．本研究制表．

［87］表4-10　责任转嫁：产品说明书问题．本研究制表．

［88］表5-1　手机从功能设计到智能设计的演变．表格内容摘选于新
浪科技（http：//tech.sina.com.cn）

［89］表6-1　设计"为人"准则的变迁．本研究制表．

［90］表6-2　信息社会带来的正面与负面影响．表格内容摘自：马
克·第亚尼．非物质社会：后工业世界的设计、文化与技术．滕守尧，
译．成都：四川人民出版社，1998.第248页

［91］表6-3　老年人信息产品使用压力．本研究制表

［92］表6-4　智能产品的信息雷同．本研究制表

［93］表6-5　奔腾PFF40C-D的复杂操作．http：//www.dzbzw.com

［94］表6-6　不同产品的交流效果．内容摘自：郑州晚报．2010年8
月11号．C08版：城市情调

［95］表6-7　信息产品对身体造成的显现伤害．本研究制表．